EXPOSITION LILLE3000 AU CETI

Né sur une initiative de lille3000, le projet *Futurotextiles* propose une vision d'ensemble des nombreuses utilisations des textiles contemporains, y comprises dans le domaine de la création artistique. A mi-chemin entre technologie et culture, l'exposition repose sur trois fondements : la pédagogie, puisqu'elle explique les origines et la diversité du textile, montre comment les innovations textiles modifient notre rapport au monde ; la science, en mettant en avant la technicité des textiles de demain ; l'art enfin, parce que les nouvelles fibres, avec leurs innombrables propriétés, inspirent plus que jamais l'imaginaire des créateurs.

Après deux éditions créées à Lille en 2006 puis à Courtrai en 2008, après une diffusion à l'échelle internationale, l'exposition a été une fois encore mise à jour. Ayant évolué au gré des dernières découvertes, elle met l'accent, pour son troisième volet, sur les fibres naturelles, sur l'ultra léger (avec des réalisations aériennes et poétiques), et sur des inventions dignes des plus grands auteurs de science-fiction. Des thématiques qui s'harmonisent parfaitement avec l'événement FANTASTIC organisé par lille3000 en cette fin d'année 2012.

C'est en effet dans ce cadre que nous avons choisi de présenter *Futurotextiles* 3. Une présentation mise en œuvre dans un lieu symbolique : le Centre Européen des Textiles Innovants (CETI) à Tourcoing, un site d'excellence inauguré à l'automne 2012, véritable « Technical Textile Valley » dans une eurorégion qui compte près de 150 entreprises, 9000 emplois et 1 milliard de chiffre d'affaires, autour d'un grand pôle de compétitivité Uptex, de l'une des principales écoles d'ingénieurs textile d'Europe (ENSAIT à Roubaix), d'un incubateur (Innotex), et d'un réseau d'entreprises de textiles techniques extrêmement dynamique depuis vingt ans (CLUBTEX).

Couverture:
Mood Sweater, 2010 SENSOREE, Kristin NEIDLINGER
© Sensoree / Photo Roger Dyckmans

RGB.
Color est e pluribus unus, 2010 Carnovsky (Francesco RUGI et Silvia QUINTANILLA)
Exposition à la Direkorenhaus, Berlin.
© Carnovsky / Photo: Alvise Vivenza

Le textile technique occupe une place importante dans la production hexagonale. La France, avec un chiffre d'affaires de 4 milliards d'euros dans ce domaine, est devenue le deuxième producteur de l'Union européenne. Dans une région comme le Nord-Pas de Calais dont l'histoire est indéniablement associée à celle de l'industrie textile, les entreprises et les chercheurs l'ont bien compris : le textile est aujourd'hui un matériau d'avenir. Avec un panel de plus en plus vaste, il est présent partout : dans l'habillement, la décoration d'intérieur, mais aussi dans les transports, la protection incendie, l'espace naturel et urbain et jusque dans la santé.
On le trouve dans les carlingues des avions ou le TGV, dans la fusée Ariane ou les satellites ; dans les gants, cagoules, vêtements de protection de nos pompiers, militaires et ouvriers ; chez nos athlètes et nos médaillés olympiques, dans les implants vasculaires, articulaires ou ligamentaires.
La tendance générale est de faire du textile un matériau multifonctionnel et le spectre des applications s'élargit de jour en jour. Coton, lin, polyamide, PVC, photoluminescentes, intelligentes, interactives... les nouvelles fibres, qu'elles soient issues de matière première chimique ou naturelle, métalliques, minérales et même animales, sans oublier les nouvelles générations de « non-tissés », apportent chaque jour des réponses innovantes aux besoins de notre époque, visant notamment un meilleur bien-être et une approche plus respectueuse de l'environnement.
Futurotextiles constitue le symbole de notre ambition dans le domaine du textile et une vitrine de notre excellence à l'attention du monde et de notre population, comme la preuve qu'en matière de textile, les potentialités de développement et d'innovation sont extraordinaires et infinies.
Cette exposition est aussi porteuse d'optimisme et d'espoir parce qu'elle montre combien nos territoires sont créatifs, dans un contexte de mondialisation et crise des plus violents. Parce qu'elle montre que nos entreprises travaillent pour un monde plus doux et plus responsable.
C'est le pouvoir de la culture, ici alliée à l'économie, que d'aborder des sujets complexes, de nous faire rêver, de nous parler de notre monde contemporain et d'aborder l'avenir.

●

Martine Aubry,
Maire de Lille
Présidente de Lille Métropole Communauté urbaine

LILLE3000 EXHIBITION AT THE CETI

Arising from a lille3000 initiative, the *Futurotextiles* project offers an overview of the many uses of contemporary textiles, including in the field of artistic creation. Midway between technology and culture, the exhibition rests on three foundations: education, since it explains the origins and diversity of textiles and shows how textile innovations change our relationship to the world; science, by highlighting the technical characteristics of the textiles of the future; art, finally, because the new fibres, with their innumerable properties, inspire the imagination of designers more than ever.

Following the two editions held in Lille in 2006 and Kortrijk in 2008 and an international tour, the exhibition has once again been updated. Keeping up with the latest discoveries, this third edition is emphasising natural fibres, ultralight (with ethereal and poetic creations), and inventions worthy of the greatest science fiction authors. All themes that are perfectly in harmony with the FANTASTIC event being organised by lille3000 at the end of 2012.

Indeed, this is this context in which we chose to present *Futurotextiles* 3. An exhibition staged in a symbolic setting: the European Centre for Innovative Textiles (CETI) in Tourcoing, a site of industrial excellence opened in autumn 2012, a genuine "Technical Textile Valley" in a Eurometropolis that accounts for nearly 150 companies, 9000 jobs and 1 billion euros in revenue. It is centred around a large Uptex cluster, one of the main textile engineering schools in Europe (ENSAIT in Roubaix), an incubator (Innotex), and a network of technical textile companies that have been extremely dynamic for the last twenty years (CLUBTEX).

Technical textiles have an important place in French production. With a turnover of four billion euros in this sector, France has become the second largest producer in the European Union. In a region like the Nord-Pas de Calais, whose history is undeniably associated with that of the textile industry, this is something that has clearly been understood by companies and researchers: that textiles are the materials of the future. With an increasingly vast range, textiles can be found everywhere: in clothing, interior decoration, but also in transport, fire protection, natural and urban spaces and even in healthcare.

They are found in the cabins of airplanes or the TGV, in the Ariane rocket or satellites, in gloves, face masks and protective clothing for our firemen, soldiers and workers; in our athletes' equipment and our Olympic medals, in vascular, joint or ligament implants.

The general trend is to make textiles a multifunctional material and the spectrum of applications is broadening from day to day. Cotton, linen, polyamide, PVC, photoluminescent, intelligent or interactive fabrics, and more. Every day, new fibres, whether derived from natural or chemical, metal, mineral or even animal materials, as well as the new generations of "nonwovens", are coming up with innovative solutions to the needs of our time, notably focusing on improving well-being and being more environmentally friendly.

Futurotextiles is the symbol of our ambition in the field of textiles and a showcase for our excellence addressed to the world and to the people of our region, proof that in textiles, the potential for development and innovation are extraordinary and infinite.

This exhibition also conveys a message of optimism and hope because, in a context of globalisation and severe crisis, it shows how creative our territories are. Because it shows that our companies are working for a gentler and more responsible world.

It is the power of culture, combined with economics here, to take on complex topics, to make us dream, to speak to us about our contemporary world and to look to the future.

●

Martine Aubry

Mayor of Lille

President of Lille Métropole Communauté urbaine

Sans titre, 2006,
Daniel BUREN,
Exposition Futurotextiles, 2006,
Fibres optiques, leds,
300 x 300 cm,
Prototype développé par
BROCHIER TECHNOLOGIES,
En partenariat avec
ART ENTREPRISE
Futurotextiles exhibition, 2006, Optic fibres, LEDs, 300 x 300 cm, Developed by BROCHIER TECHNOLOGIES, In partnership with ART ENTREPRISE
© Maxime Dufour

Futurotextiles, 2006, Vue d'exposition, Le Tri Postal, Lille
Futurotextiles, 2006,
View of exhibition, Le Tri Postal, Lille
© Maxime Dufour

Après *Futurotextiles 2006* et *Futurotextiles 2008*, pourquoi récidiver avec cette troisième édition ?

Parce que le textile, ou plutôt les textiles sont en constante évolution. Il y a toujours du nouveau à découvrir et à montrer, c'est passionnant !... Et ce dans tous les secteurs puisque tous sont concernés...L'habillement, le sport, l'architecture, le design, les transports, la santé... Si les deux premières éditions ont connu un aussi grand succès, c'est parce que nous y rassemblions des domaines qui ne se ressemblent pas. Et cette fois-ci encore : haute technologie, haute couture, sport de haut niveau, art contemporain, design.... Tous ont pourtant le textile en partage.

Cet aspect résolument pluri-disciplinaire de *Futurotextiles* est essentiel : le sérieux y voisine avec le ludique, la science y côtoie l'art.

Le choix de Lille et de sa région historiquement marquée par l'industrie textile n'est pas un hasard....

Tout le monde le sait, les crises successives ont durement et longtemps touché le secteur textile. Ce que l'on connaît moins en revanche, c'est justement cette fibre créatrice et technologique synonyme de reconversion et de potentiel. Alors oui, que ce souffle d'optimisme, cette envie d'associer le textile à un avenir prometteur se tienne dans cette région particulière constitue un symbole très positif. D'ailleurs, l'idée de *Futurotextiles* a suscité l'enthousiasme des collectivités territoriales comme le Conseil régional et Lille Métropole, ainsi que celui des professionnels du secteur.

Un exemple de potentiel, justement?

Comme je l'ai dit, le textile est partout en pleine évolution ! Mais prenons un domaine emblématique, le médical : Nous présentons le t-shirt Psyché (conçu par le CSEM). Il est équipé de capteurs discrets enregistrant le rythme cardiaque et respiratoire de l'individu qui le porte, ainsi que ses mouvements. Ces informations sont automatiquement transmises à un central via un système IP/GPRS, ce qui permet d'adapter le traitement au plus précis et au plus rapide.

Et un exemple artistique?

J'aime toujours évoquer l'œuvre de Daniel Buren conçue spécialement et exposée lors de la première édition de *Futurotextiles*. Il s'agissait d'une toile rayée, caractéristique du travail de l'artiste, mais en fibre optique tissée. Les rayures pouvaient s'allumer ou s'éteindre grâce à un programmateur intégré. Ce travail extraordinaire était le fruit d'un dialogue entre art et technologie, technologie développée par l'entreprise lyonnaise Brochier.

***Futurotextiles* a-t-il un rôle de passeur ?**

Il n'était ni prévu ni prémédité, mais c'est vrai. L'éclatement des frontières entre sec-

White Lotus Flower, 2005
Choi JEONG HWA
Exposition Futurotextiles, 2006
Futurotextiles exhibition, 2006
Le Tri Postal, Lille
© B.Vuchot

teurs est capital : Un ingénieur travaillant dans les géotextiles, par exemple, n'est pas forcément au courant des dernières innovations dans le domaine du textile médical. Et inversement. Or l'échange et le transfert d'informations font souvent avancer les choses. La mutualisation des énergies favorise de nouvelles recherches, de nouvelles possibilités. J'ajoute qu'en mettant l'accent sur ce décloisonnement, *Futurotextiles* contribue aussi à la re-mobilisation d'étudiants textiles.

Raquette de tennis, casque de moto, portière de voiture... font eux aussi partie de *Futurotextiles* !?

Oui, tous sont en composite, secteur en pleine croissance, mal connu du grand public. Il s'agit d'une association de résine et d'armure textile. De nos jours, le composite est partout : dans nos téléphones, dans les sols d'avion.... Sa durabilité, sa résistance, sa maniabilité sont des atouts formidables. On y retrouve des fibres de verre, des fibres de carbone, des fibres végétales également, comme celle de lin, en plein renouveau et particulièrement bien adaptée.

S'il ne fallait retenir qu'un « fil conducteur » en matière d'innovations?

L'innovation est souvent liée à l'actualité et à ses besoins. La question environnementale étant aujourd'hui primordiale, on observe donc l'émergence de nombreux textiles mettant l'accent sur des propriétés écologiques et énergétiques.
Cela dit, d'une manière générale, l'ultra léger, « l'ultra light » est particulièrement présent dans la sélection de ce nouveau *Futurotextiles* : travail sur l'air, tissus évanescents, matériaux poids plume... La légèreté est au goût du jour et du confort. Elle bouleverse le monde du textile.

Mais c'est quoi le monde du textile, et d'une façon plus générale c'est quoi le textile ?

Le monde du textile est d'une incroyable diversité : de la fibre au tissage et à la maille en passant par les composites et les non-tissés. Les origines des fibres sont parfois étranges. Le café, un caillou de basalte, la glycine, donnent naissance à une fibre, à un fil, à un tissu.[1]

Les nouvelles fibres semblent venues tout droit de la science-fiction. Interactives, intelligentes, elles subissent des techniques diverses d'enduction, d'apprêt, de micro-encapsulation... Cosmétiques ou thérapeutiques, les textiles 'bio-sensoriels' modifient les conditions physiques en fonction des conditions environnementales et deviennent antibactériens, thermorégulateurs, hydrophiles, *thérapeutiques*...

1. *Voir le schéma page 16*

Violon, 2010
Table d'harmonie en sandwich âme balsa et préimprégné époxy/ fibres de lin. Montage sur un violon d'étude par luthier
80 x 26 x 16 cm
Développé par LINEO en partenariat avec l'Ecole Nationale Polytechnique Supérieure
Soundboard in sandwich of balsa core and pre-preg epoxy/ flax fibres. Mounted on a learner's violin by luthier.
Developed by LINEO in partnership with ENPC
www.enpc.fr
www.lineo.eu
© ENPC

Dans ce monde du textile, on peut citer :

La protection **(PROTEX)** contre la chaleur, le feu, le froid, les intempéries, les agressions chimiques ou mécaniques, l'industrie textile cherche à apporter des solutions nouvelles aussi bien dans les secteurs civils que militaires.

L'habillement **(CLOTHTEX)** est le secteur le plus connu du public; les innovations artistiques et technologiques imprègnent fortement les domaines de la mode, de la protection et du sport.

SMARTEX Si les technologies de communication s'appuient sur nos fonctions sensorielles, le vêtement 'intelligent', 'communicant' ou 'interactif 'devient une sorte de second épiderme technique, un moyen d'augmenter notre sensibilité. La 'révolution textile' que nous vivons bouleverse en profondeur la manière dont l'être humain échange ses informations vitales avec son environnement. L'enjeu de ces textiles semble répondre à une volonté de vivre mieux.

Le Fujifu
Masao KOISHIHARA
Tissu réalisé à partir de fibres de glycine
Développé par YUSHISHA
Fabric made from glycine fibres
Developed by YUSHISHA
www.yushisha.com
© Yushisha

Le sport **(SPORTEX)** Ici, le textile joue aussi un rôle crucial ; il devient une isolation simultanément thermique et respirante pour la peau. Là, il permet de diminuer de 5% la traînée du nageur et sa consommation en oxygène. Il est aussi l'armature composite de planches à voile, de cycles, de skis...

La santé **(MEDTEX)** où l'ingénierie tissulaire, par exemple, essaie d'améliorer les possibilités de reformer des organes voire de se substituer à la peau ou aux cartilages. Le textile intelligent de demain surveillera la régularité de nos battements cardiaques, de notre température, de notre taux d'insuline, avertira l'utilisateur et son médecin en cas de danger.

Les transports **(MOBILTEX)** où le textile participe à l'exploration des espaces inconnus, au-delà de la stratosphère. On le retrouve dans les satellites, dans les fusées et évidemment dans les voitures et les trains.

L'univers de la maison **(HOMETEX)** domaine important où les textiles extérieurs et intérieurs associent résistance et légèreté. Ils utilisent parfois les fibres composites, ils peuvent même aller jusqu'à devenir toile musicale grâce à des tissus capteurs où il suffit de parcourir librement la toile du bout des doigts pour produire une composition personnelle. Eclairants, ils tendent aussi à une fonctionnalité domotique où Leds et fibres optiques sont apparues depuis peu.

La construction et l'architecture **(BUILDTEX)** qui ont connu des progrès fulgurants ces dernières années utilisent de plus en plus les textiles sous forme de membranes ou de composites dans des bâtiments monumentaux, stades, ports...

Sleeping Giants (Silenus), 2002, Max STREICHER,
Sculpture gonflable, Toile de Spi, Exposition Futurotextiel, Courtrai, 2008
Inflatable sculpture Spinnaker cloth, Exposure Futurotextiel, Kortrijk, 2008
© Max Streicher

Parfois gonflables et s'adaptant très bien à des conditions climatiques extrêmes, ils se développent pour les habitats éphémères nomades ou d'urgence... alliant souplesse, résistance et esthétique.

Les géotextiles **(GEOTEX)** synthétiques, biodégradables ou écologiques participent aux armatures de routes, protègent les végétaux, facilitent le drainage ou créent un gazon ultra-rapide...

Le Bien-être **(WELLTEX)** : le textile est aussi un vecteur de sensations : conforts, moelleux, parfums, attitude zen. Il s'apparente souvent à une seconde peau (patchs, microfibres, micro-encapsulation) alliant esthétique et bonne humeur...

●

Caroline David
Commissaire
Propos recueillis en juillet 2012

Cocoons, 2007
Lorenzo NANNI

•

RÉSINE, OUATE, FILS DE COTON, PERLES EN JADE, VERRE
39 X 50 CM

L'inspiration de Lorenzo Nanni naît de la botanique et de l'anatomie. Son regard est scientifique et sa main experte brode des formes quasi surréalistes qui rappellent une nature vivante, expressive, presque agressive. Chaque détail est étudié à la loupe. La flore et la faune sont réinterprétées au travers de fleurs mutantes, de plantes carnivores, de créatures grotesques et tentaculaires, qui s'épanouissent dans le feutre et la soie.

•

RESIN, WADDING, COTTON THREADS, JADE PEARLS, GLASS

Lorenzo Nanni gets his inspiration from botany and anatomy. His analysis is scientific and his expert hand embroiders quasi-surreal forms that evoke a living, expressive and almost aggressive nature. Every detail is meticulously studied. Flora and fauna are reinterpreted through mutant flowers, carnivorous plants, grotesque creatures with sprawling tentacles in blossoming forms of felt and silk.

•

www.lorenzonanni.com

AfterFuturotextiles 2006 and Futurotextiles 2008, why do a third edition?

Because the textile sector, or rather textiles in the plural, are constantly evolving. There is always something new to discover and exhibit, it's fascinating! And this is true of all areas, since all of them are concerned: clothing, sports, architecture, design, transport, health, the list goes on. The two first editions were so successful because we brought together areas which are different to each other. And it's the same this time round: high technology, high fashion, high-performance sport, contemporary art... Yet they all have textiles in common. This resolutely multidisciplinary aspect of *Futurotextiles* is essential: the serious and the playful appear side by side, science and art combine.

The choice of Lille and its region historically marked by the textile industry is not a matter of chance...

Everybody knows that the textile sector has been badly and durably hit by successive crises. However, this technological and creative current, synonymous with industrial conversion and potential, is less known. So yes, the fact that this optimistic project, this desire to associate textiles with a promising future is being held in this particular region makes for a very positive symbol. Moreover, the idea of *Futurotextiles* has met with an enthusiastic reaction from local government, such as the Regional council and Lille Métropole, as well from industry professionals.

An example of this potential?

As I mentioned, textiles are everywhere and everywhere they are evolving fast! But let's take an emblematic sector, medicine: we are exhibiting the Psyché T-shirt (designed by CSEM). It is equipped with discreet sensors that record the wearer's heart rate and breathing, as well as his or her movements. This information is automatically transmitted to a central system via an IP/GPRS system, thanks to which the treatment can be adapted as accurately and as quickly as possible.

And an artistic example?

I always like to mention the work by Daniel Buren specially designed for and exhibited during the first edition of *Futurotextiles:* it was a striped cloth, in the artist's characteristic style, but made out of woven fibre optics. The stripes could turn on or off thanks to a built-

Textiles Tiles
Ronan et Erwan BOUROULLEC
Tuiles modulables en textile
Exposition Futurotextiles, 2006
Tiles that can be changed into textiles
Futurotextiles exhibition, 2006
Le Tri Postal, Lille
© Paul Tahon and Ronan Bouroullec

Leaf, 2011
Mika BARR
Sérigraphie sur coton teint
105 x 105 cm
3D Fabric - Screen print on dyed cotton
www.mikabarr.com
© Mika Barr Textile Design Studio

in program. This extraordinary work was the result of a dialogue between art and technology, a technology produced by the Lyon-based company Brochier.

Does *Futurotextiles* act as a mediator?

It was neither planned nor premeditated. Breaking down boundaries between sectors is crucial. For example, an engineer working in geotextiles is not necessarily aware of the latest innovations in the field of medical textiles. And vice versa. But the exchange and transfer of information often drive progress. Pooling energies promotes new research, new possibilities. I would add that by putting the focus on breaking down barriers, *Futurotextiles* also contributes to re-mobilising textile students.

Tennis rackets, motorcycle helmets and car doors are also part of *Futurotextiles*!

Yes, they are all made out of composite materials, a booming sector that is still badly known by the general public. It's a combination of resin and a textile weave. Today, composite materials can be found everywhere: in our phones, airplane floors, etc. Their durability, resistance and workability are tremendous assets. They contain glass fibres and carbon fibres as well as vegetable fibres, like flax, which is undergoing a revival and is particularly well adapted.

If one was to focus on a single "thread" where innovation is concerned?

Innovation is often linked to current events and needs. As environmental issues are para-

Coque I-phone
Twinflax ®, Rilsan ® -
Composite fibre de lin et biorésine
128 x 86 x 96 cm
Développé par Flax Technic -
GROUPE DEHONDT et ARKEMA
En partenariat avec FIMALIN
I-phone case
Twinflax ®, Rilsan ® -
Composite fibre of flax and bio-resin
Developed by Flax Technic -
GROUPE DEHONDT and ARKEMA
In partnership with FIMALIN
www.dehonft-flax.com
www.arkema.com
www.fimalin.com
© Fimalin

mount now, we have seen the emergence of many textiles that emphasise ecological and energy-saving properties.
However, generally speaking, ultra light is particularly well represented in this new *Futurotextiles:* work based on air, evanescent fabrics, lightweight materials... Lightness is back in fashion and preferred for comfort. Its causing a revolution in the world of textiles.

In fact, what is meant by the "world of textiles", and, to put it even more generally, what is a textile?

The world of textiles is incredibly diverse, ranging from fibre or weaving and stitching to composites and non-woven materials. The origins of the fibres are sometimes strange: coffee, a basalt pebble or glycine can give rise to a new fibre, thread or fabric.[2]

The new fibres seem to have emerged straight from science fiction. They are interactive and intelligent, undergoing different techniques of coating, dressing and micro-encapsulation. Whether cosmetic or therapeutic, "bio-sensing" textiles alter their physical properties according to environmental conditions, becoming anti-bacterial, thermoregulatory, hydrophilic, therapeutic and so on.

Within this world of textiles we can list the following:

Protection **(PROTEX)** from heat, fire, cold, bad weather and chemical and mechanical aggressions. The textiles industry seeks to provide new solutions both in the civilian and military sector.

Clothing **(CLOTHTEX)** is the sector most familiar to the public; artistic and technological innovations have made a strong impression on fashion, protective wear and sport.

Futurotextiel, 2008
Vue d'exposition
Courtrai
Exhibition view
Kortrijk
© D.R.

2. *See the diagram page 16*

SMARTEX: while communications technologies are based on our sensory functions, 'intelligent', 'communicative' or 'interactive' clothing becomes a kind of secondary technological skin, a way of heightening our sensitivity. The 'textile revolution' we are experiencing, is radically changing the way in which human beings exchange vital information with their environment. These textiles appear to respond to a desire to live better.

Sport **(SPORTEX)**: in this field, textiles also play a crucial role, providing thermal isolation, while allowing the skin to breathe. For swimmers, textiles can reduce drag and oxygen consumption by 5%. Textiles are also used as composite reinforcement in windsurfing boards, bicycles and skis.

Health **(MEDTEX)**, a field in which tissue engineering, for example, attempts to improve possibilities of re-forming organs or replacing skin or cartilage. The intelligent textile of tomorrow will monitor the regularity of our heartbeats, temperature and insulin levels and will warn users and their doctors in case of danger.

Transport **(MOBILTEX)**, where textiles participate in the exploration of unknown spaces, beyond the stratosphere. They are found in satellites, in rockets and of course in cars and trains.

The home **(HOMETEX)**, an important domain in which outdoor and indoor textiles combine resistance with lightness. They sometimes use composite fibres and can even become musical canvases thanks to sensor fabrics: all you have to do is move the tips of your fingers freely over the material to produce a personal composition. Illuminating textiles also tend to be used in home automation where LEDs and optic fibres have recently appeared.

Le Fujifu
Masao KOISHIHARA
Tissu réalisé à partir de fibres de glycine
Développé par YUSHISHA
Fabric made from glycine fibres
Developed by YUSHISHA
www.yushisha.com
© Yushisha

Construction and architecture **(BUILDTEX)**, which have enjoyed dazzling progress in recent years, using textiles increasingly in the form of membranes or composites in monumental buildings, stadiums and ports.
They are sometimes inflatable and adapt very well to extreme climatic conditions, thus have been developed for ephemeral nomadic dwellings or emergency housing combining flexibility, strength and aesthetics.

Geotextiles **(GEOTEX)** can be synthetic, biodegradable or ecological; they are used to reinforce road structures, protect planting, facilitate drainage or create an instant lawn.

Well-being **(WELLTEX)**: textiles also convey sensations – comfort, smoothness, fragrances, a Zen attitude. They often take the form of a second skin (patches, microfibers, microencapsulation) combining aesthetics with a positive mood.

●

Caroline David
Curator
Interviewed in July 2012

LES FIBRES
FIBRES
X

MATIÈRE NATURELLES
NATURAL MATERIALS

ANIMALES / ANIMAL

POILS/ HAIR	Laine (mouton) / Wool (sheep) Mohair (chèvre) / Mohair (goat) Alpage (lama) / Cashmere (goat) Angora (lapin) / Alpaca (llama)
SÉCRÉTION/ SECRETION	Soie (chenille du bombyx) / Silk (silkworm)

VÉGÉTALES / PLANT

FLEURS / FLOWERS	Cotton / Cotton
TIGES	Lin / Flax Chanvre / Hemp Jute / Jute Ramie / Ramie Bambou / Bamboo
FEUILLES	Sisal / Sisal Raphia / Raffia
FRUITS	Coco / Coconut Kapok / Kapok
SÈVES	Caoutchouc naturel / Natural rubber

MINÉRALES / MINERAL

MATIÈRES CHIMIQUES
CHEMICAL MATERIALS

ARTIFICIELLES / ARTIFICIAL

CELLULOSE TRANS-FORMÉE / PROCESSED CELLULOSE	Viscose / Viscose Modal et Polynosique / Modal and polynosic Acétate / Acetate Triacétate / Triacetate
MINÉRALES / MINERALS	Basalte / Basalt Silice / Silica Or / Gold Argent / Silver

SYNTHÉTIQUES / SYNTHETIC

PRODUITS PÉTROLIERS TRANSFORMÉS / PROCESSED PETROLEUM PRODUCTS	Polyamide / Polyamide Polyester / Polyester Acrylique et madacrylique / Acrylic and madacrylic Chlorofibre / Chlorofibre Polyéthylène / Polyethylene Polypropylène / Polypropylene Elasthanne / Elasthanne

AVEC LE PRODUIT DE LA FILATURE, L'INDUSTRIE TEXTILES PRODUIT DIFFÉRENTS TYPES D'ÉTOFFES / WITH SPUN PRODUCTS, THE TEXTILE INDUSTRY PRODUCES DIFFERENT KINDS OF FABRICS

TSSAGE / WEAVING	Tissu / Fabric Tapis / Rugs Sangles / Straps
TRICOTAGE / KNITTING	Maille / Stitch Dentelles / Lace
TUFTING / TUFTING	Tapis / Rugs Moquettes / Carpet
NON TISSÉ / NONWOVEN	
TRESSAGE / BRAIDING	Tresses / Braids Lacets / Laces Amarres / Mooring ropes Dreisses / Halyard Cables / Cables
autres: CORDERIE FILTERIE BRODERIE	

Ces étoffes peuvent faire l'objet de plusieurs operations d'ennoblissement / These fabrics can undergo several finishing treatments.

TEINTURE
APPRÊTS
IMPRESSION
DOUBLAGE
CONTRE-COLLAGE
IMPREGNATION
ENDUCTION
...

Clouds, 2009

•

INSTALLATION NUMÉRIQUE INTERACTIVE

Clouds est une installation basée sur un principe de réalité augmentée. L'image projetée interagit avec les mouvements du spectateur, qui se retrouve ainsi virtuellement plongé dans l'univers délicieusement ouaté de cumulonimbus. Invité à s'y immerger, il peut jouer avec les nuages et les manipuler.

Développé par EPFL+ECAL LAB

Design : Alain Bellet, Angelo Benedetto, Vincent Jacquier, Camille Scherrer.

•

INTERACTIVE DIGITAL INSTALLATION

Clouds is an installation based on a principle of augmented reality. The projected image interacts with the viewer's movements, who consequently finds him or herself plunged virtually into the deliciously fluffy universe of cumulonimbus. Invited to immerse themselves, viewers can play with and manipulate the clouds.

Developed by EPFL+ECAL LAB

Design: Alain Bellet, Angelo Benedetto, Vincent Jacquier, Camille Scherrer.

•

www.epfl-ecal-lab.ch

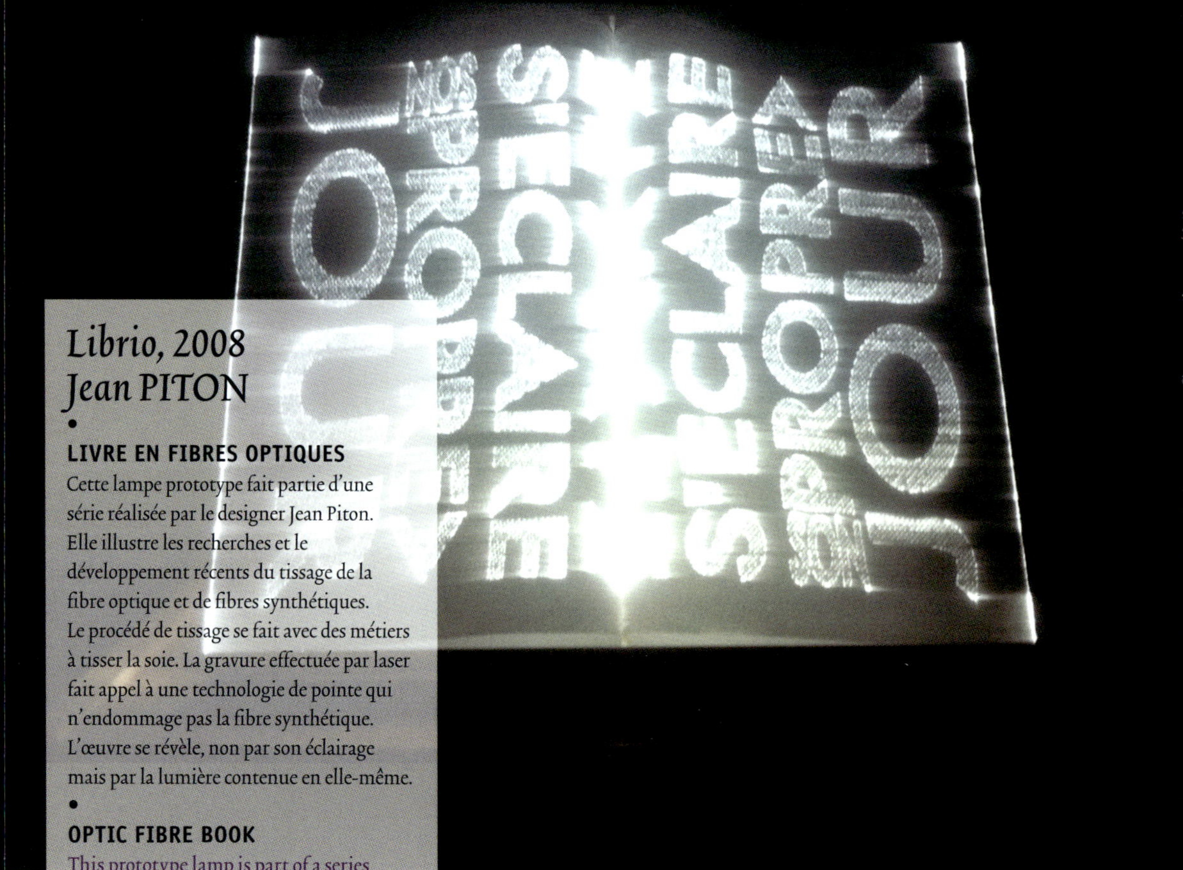

Librio, 2008
Jean PITON

•

LIVRE EN FIBRES OPTIQUES

Cette lampe prototype fait partie d'une série réalisée par le designer Jean Piton. Elle illustre les recherches et le développement récents du tissage de la fibre optique et de fibres synthétiques. Le procédé de tissage se fait avec des métiers à tisser la soie. La gravure effectuée par laser fait appel à une technologie de pointe qui n'endommage pas la fibre synthétique. L'œuvre se révèle, non par son éclairage mais par la lumière contenue en elle-même.

•

OPTIC FIBRE BOOK

This prototype lamp is part of a series by the designer Jean Piton. It illustrates recent research and developments in weaving optic fibre and synthetic fibres. The weaving process is carried out with silk looms. The laser engraving uses a state-of-the-art technology that does not damage the synthetic fibre. The finished piece stands out not because it illuminates but because of the light it contains in itself.

•

Ouverture des tiges de fleur de Lotus, 2011
Tiziana et Gianni BALDIZZONE

•

PHOTOGRAPHIES COULEUR, TIRAGE LAMBDA SUR DIBOND

Sur les rives du lac Inle en Birmanie, depuis plus de mille ans, on file la fibre des tiges des fleurs de lotus. Tâche difficile pour un tissu incomparable ;qui habille depuis des siècles les moines de haut rang. D'aspect grège, comme un lin brut au tissage irrégulier, le tissu est incroyablement léger et infroissable. Ses propriétés, sa rareté, tout que autant sa légende en font une matière encore plus précieuse que la soie. Spécialisés dans la transmission du savoir, les photographes Tiziana et Gianni Baldizzone parcourent le monde et nous rapportent ces images uniques de Birmanie.

•

COLOUR PHOTOGRAPHS, LAMBDA PRINT ON DIBOND

On the shores of Inle Lake in Burma, for over a thousand years, there has been a tradition of spinning the fibres of lotus flower stems. It is a difficult process, but the fabric is incomparable and it has always been used in the clothing of high-ranking monks. With an oatmeal-like appearance, like a roughly woven flax, this fabric is incredibly light and absolutely free of creases. Its properties, rarity, as well as its legend make it a material even more valuable than silk.
The photographers Tiziana and Gianni Baldizzone, specialists in the transmission of knowledge, travel the world and have brought these unique images of Burma back to us.

•

www.baldizzone.com

Pop Up Lace, 2012
Carole COLLET
Dentelle et découpe laser.
Fils de papier, nylon, amidon
En partenariat avec Central Saint Martins
Lace and laser cut.
Paper, nylon and starch threads
In partnership with Central Saint Martins
www.carolecollet.com
www.csm.arts.ac.uk
© Sakae

Soie d'araignée de Madagascar
Développé par MADASILK
Madagascar spider silk
Developed by MADASILK
www.madasilk.com
© Madasilk

LA PROCHAINE RÉVOLUTION INDUSTRIELLE SERA BIOLOGIQUE

Grâce à la convergence de la biologie, la nanotechnologie et les systèmes d'information, le début du XXIe siècle a été marqué par une révolution biotechnologique discrète mais en pleine expansion. La biologie synthétique, une science qui associe la biologie à l'ingénierie, revêt un intérêt particulier pour les textiles. « La biologie synthétique vise à concevoir et à construire, gène après gène, des organismes qui font des choses dont sont incapables les organismes créés par Mère Nature[1]. » Cette « technologie vivante » a conduit à l'élaboration de procédés de fabrication biologiques par lesquels des organismes vivants sont conçus comme des « machines » et encodés comme des « robots vivants ». Pour la première fois dans l'histoire de l'humanité, nous sommes capables de reprogrammer et de concevoir de nouvelles espèces de bactéries et de plantes pour « cultiver » des matériaux sur mesure. « En relisant et réécrivant les codes génétiques de bactéries, de plantes et d'animaux, nous commençons à transformer les cellules, les graines et les embryons animaux en l'équivalent de disquettes... Des ensembles de données qui peuvent être modifiés et réécrits pour accomplir des tâches spécifiques... Nous commençons à mélanger librement et intentionnellement pommes et oranges... espèces... plantes et animaux.[2] » Quelle sera l'incidence de ces biotechnologies complexes et hautement sophistiquées sur l'avenir du textile ?

LA NOUVELLE ROUTE DE LA SOIE

L'exemple actuel le plus emblématique est la soie. Pour la première fois en 2010, la bactérie E. coli a été reprogrammée pour produire des protéines de soie d'araignée à température ambiante. L'étape suivante consiste à modifier génétiquement une glande d'araignée artificielle qui peut tisser aussi efficacement qu'une vraie araignée : « à l'Université de Tufts, le Dr Kaplan pense que les plantes génétiquement modifiées finiront par produire une soie basée sur celle de l'araignée qui pourrait être récoltée comme le coton[3]». L'histoire du commerce de la soie a plus de 2000 ans. Or en moins d'une décennie, nous avons réussi à réinventer la route de la soie : le nouveau fabricant de soie est une bactérie vivant aux États-Unis, la nouvelle machine à filer pourrait bientôt être une plante. Une telle ingénierie radicale signifie que nous pouvons programmer de nombreuses caractéristiques fonctionnelles et esthétiques supplémentaires au niveau cellulaire et cultiver de la soie « modifiée génétiquement sur mesure » pour des marques de créateurs spécifiques. Imaginez donc une serre entière remplie d'une édition limitée de « Chanel araignée-camélia™ » qui produit de la soie pour la collection été 2056 !

COMMENT EN EST-ON ARRIVÉ LÀ?

Il y plus d'une décennie, les chercheurs ont compris comment produire des fibres biopolymères à partir de maïs, de carapaces de crabe, et même le lait. Celles-ci ont été produites à base de matières

1 *Stephen Herrera, Preparing the World for Synthetic Biology, 2005, http://www.technologyreview.com/article/14077/*
2 *J. Enriquez, As The Future Catches You: How Genomics and Other Forces are Changing your Life, Work, Health and Wealth, p.6*
3 *Henry Fountain, The Reinvention of Silk, 7 mars, 2011, http://www.nytimes.com/2011/03/08/science/08silk.html?pagewanted=all*

Bio Lace,
Strawberry Lace, 2012
Carole COLLET
Work in progress
Développée en partenariat avec
CENTRAL SAINT MARTINS
Work in progress
Developed in partnership with
CENTRAL SAINT MARTINS
www.carolecollet.com
www.csm.arts.ac.uk
© Carole Collet

Zero, 2011
Lorenzo NANNI
Feutre, laine, fils de coton,
perles de verre
Felt, wool, cotton threads,
glass pearls
52 x 86 cm
www.lorenzonanni.com
© Lorenzo Nanni

premières naturelles améliorées par des manipulations chimiques. Il y a eu ensuite la chèvre araignée, produite par Nexia BioTechnology : une chèvre reprogrammée génétiquement avec un gène d'araignée. Le but était d'utiliser le lait de cette chèvre pour produire une fibre biopolymère dotée de certaines des caractéristiques de la soie d'araignée. Une araignée peut produire une fibre biodégradable six fois plus forte que le Kevlar à température ambiante, sans dérivés chimiques toxiques ou recours à des machines énergivores. Ainsi, les araignées sont devenues un modèle symbolique, inspiration de la nature, et cela fait des décennies que les chercheurs tentent de reproduire la soie d'araignée artificiellement. La biologie synthétique vient de franchir un pas de plus dans cette quête. Tout cela est désormais possible parce que nous pouvons associer le langage de séquençage de l'ADN (A, C, T, G) avec les 1 et les 0 de la programmation informatique. En termes de textiles, nous connaissons la Conception Assistée par Ordinateur (CAO), et la Fabrication Assistée par Ordinateur (FAO). La technologie du XXIe siècle nous permet désormais de passer dans la phase suivante : Biofacture Assistée par Ordinateur (BAO) ou d'une « fabrication » biologique programmable par ordinateur.

ET L'ÉTAPE SUIVANTE?

La biologie synthétique a le pouvoir de bouleverser radicalement nos modèles de conception et de fabrication. Ce n'est pas de la science-fiction : ces bactéries et plantes dites synthétiques restent pour l'instant dans les laboratoires scientifiques mais elles se développent rapidement et bénéficient d'un apport massif de fonds publics et privés. Qu'en est-il alors de la dimension éthique d'une telle technologie extrême ? Certains font valoir que, dans la crise écologique actuelle, la technologie vivante peut nous permettre de produire des matériaux plus durables à des températures ambiantes, sans utiliser des produits chimiques agressifs et générer des dérivés toxiques. Mais jusqu'en 2010, nous n'avions jamais créé une technologie qui avait la capacité de s'auto-répliquer. Peut-on vraiment contrôler ces nouveaux organismes vivants, ou avons-nous ouvert la boîte de Pandore ? Et que devient le concepteur dans un avenir où tout est réduit à un codage programmable, même le vivant ?

●

Carole Collet
Maître de Conférences en Textiles du Futur, TFRC,
Central Saint Martins College, University of the Arts London.

Algaerium, 2009/2010
Marin SAWA
Verre, plastique, eau, algues marines (Tetraselmis, Dunaliella, Pyrocystis lunula) algues d'eau douce (hydrodyction)
Glass, plastic, water, seaweed (Tetraselmis, Dunaliella, Pyrocystis lunula) freshwater weeds (hydrodyction)
www.marins.co.uk
© Marin Sawa / Photo Sue Barr

THE NEXT INDUSTRIAL REVOLUTION IS BIOLOGICAL

With the convergence of biology, nanotechnology and information systems, the 21st century has begun with a quiet but fast growing biotechnological revolution. Synthetic biology, a science which combines biology with engineering, is of particular interest for textiles. 'Synthetic biology is the quest to design and build, one gene at a time, organisms that do things that organisms made by Mother Nature[1] cannot.' This 'living technology' has led to the development of biological fabrication processes where living organisms are engineered as 'machines' and coded as 'living robots'. For the first time in human history, we are able to reprogram and engineer new species of bacteria and plants to 'grow' custom made materials. 'By reading and rewriting the gene codes of bacteria, plants and animals, we start to turn cells, seeds, and animal embryos into the equivalent of floppy disks... Data sets that can be changed and rewritten to fulfill specific tasks... We start deliberately mixing and matching apples and oranges...species...plants and animals.'[2] How will this these complex and highly sophisticated biotechnologies impact on the future of textiles?

Soie d'araignée de Madagascar
Développé par MADASILK
Madagascar spider silk
Developed by MADASILK
www.madasilk.com
© Madasilk

THE NEW SILK ROUTE

The current most emblematic example is silk. For the first time in 2010, the bacteria e.coli was reprogrammed to produce spider silk protein at ambient temperature. The next step is to genetically engineer an artificial spider gland that can spin as efficiently as a real spider, "At Tufts, Dr. Kaplan thinks that eventually, genetically modified plants will produce useful spider-based silk that could be harvested like cotton[3]". History shows records of silk trade for more than 2000 years. In as little as a decade, we have managed to reinvent the silk route: the new silk manufacturer is a bacteria living in the USA, the new spinning machine could soon be a plant. Extreme engineering of this kind means we can program many more functional and aesthetic characteristics at cellular level and grow 'custom-genetically engineered' silk for specific designer brands. Can you imagine a greenhouse full of limited edition 'Chanel spider-camelia™' producing silk for the summer 2056 fashion collection?

HOW DID WE GET THERE?

More than a decade ago, we developed the knowledge to produce biopolymer fibres made from corn, crab shell, and even milk. These were produced from natural raw materials enhanced by chemical manipulations. Then, came the spider goat, produced by Nexia BioTechnology, a goat genetically re-engineered with a spider gene. The intention there was to use the milk from that goat to produce a biopolymer fibre with some of the characteristics of a spider silk. A spider can produce a biodegrable fibre six times stronger than Kevlar at ambient temperature, without toxic chemical by-products or energy hungry machinery. So spiders have become a symbolic inspiring model of nature, and for decades now scientists have attempted to reproduce spider silk artificially. Synthetic biology has just taken

1 *Stephen Herrera, Preparing the World for Synthetic Biology, 2005, http://www.technologyreview.com/article/14077/*
2 *J. Enriquez, As The Future Catches You: How Genomics and Other Forces are Changing your Life, Work, Health and Wealth, p.6*
3 *Henry Fountain, The Reinvention of Silk, 7 mars, 2011, http://www.nytimes.com/2011/03/08/science/08silk.html?pagewanted=all*

this quest a step further. All of this is now possible because we can combine the language of DNA sequencing (A, C, T, G) with the 1s and 0s of computer programming. In terms of textiles, we are familiar with Computer Aided Design (CAD), and Computer Aided Manufacture (CAM). 21st century technology has now enabled us to enter the next phase: Computer Aided Biofacture (CAB) or computer programmable biological 'manufacturing'.

WHERE DO WE GO FROM THERE?

Synthetic biology has the potential to radically disrupt our design and manufacturing models. This is not science fiction: these so called synthetic bacteria and plants are still in science labs, but they are being developed rapidly and benefit from massive injection of public and private funding. So what about the ethical dimension of such extreme technology? Some argue that in the current ecological crisis, living technology can enable us to produce more sustainable materials at ambient temperatures, without using harsh chemicals and generating toxic by-products. But until 2010 we had never created a technology that had the capacity to self-replicate. Can we really be in control of these new living organisms, or have we opened Pandora's box? And what becomes of the designer in a future where everything is reduced to programmable coding, even the living?

●

Carole Collet, Reader In Textile Futures, TFRC,
Central Saint Martins College, University of the Arts London.

Mushroom Death Suit, 2011
Jae RHIM LEE

•

COTON ET SPORES DE CHAMPIGNON

Certains souhaitent qu'après leur mort, on les incinère, d'autres préfèrent être enterrés. Pour ces derniers, l'artiste Jae Rhim Lee propose une alternative écologique, un brin provocante : un costume brodé de fil imprégné de spores de champignons qui en se développant, favorisent la décomposition à la fois du vêtement et du corps, tout en traitant les toxines libérées.

•

COTTON AND FUNGAL SPORES

Some people want to be cremated when they die, others prefer to be buried. For the latter, the artist Jae Rhim Lee is proposing an environmentally-friendly alternative that is slightly provocative: a suit embroidered with a thread that is infused with mushroom spores. As they develop, the spores favour the decomposition of both clothing and the body, all the while treating the released toxins.

•

www.infinityburialproject.com

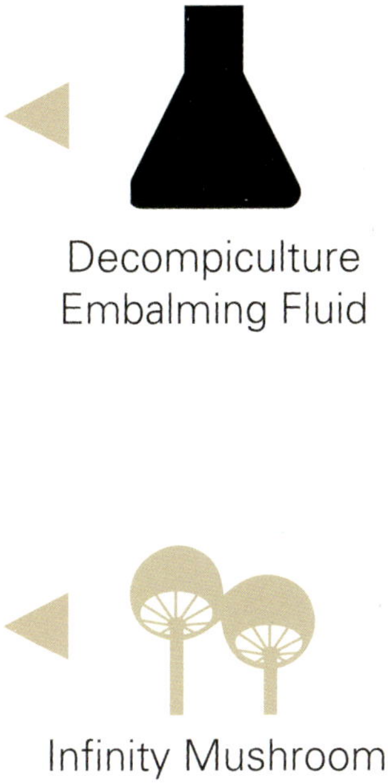

PROTEX

Les agressions ne manquent pas. Qu'elles soient naturelles, structurelles, conjoncturelles, les secteurs les plus divers y sont exposés : défense, protection civile, santé, sports, loisirs... Du coup, la liste des risques contre lesquels les textiles techniques permettent de se prémunir est impressionnante : chaleur, flammes, froid, intempéries, produits chimiques, gaz toxiques, radiations UV et nucléaires, coupure et perforation, électricité statique, projections de métal en fusion, germes pathogènes et bien d'autres encore.[1]

Les propriétés de ces « carapaces » relèvent de diverses origines. Il y a premièrement l'apparition sur le marché de nouvelles fibres synthétiques aux performances étonnantes sur le plan de la résistance mécanique (fibre d'aramide, de carbone...) et de la résistance à la chaleur et à la flamme (fibre de verre, tissu de céramique...).

Parallèlement, d'importants travaux et recherches ont été menés sur différents types d'associations : mélanges de fibres et filaments (aramide et filaments d'acier inox pour les gants anti-coupure, polyester et fils de carbone pour les antistatiques...) ; contextures textiles (tissus double paroi, 3D...) ; apprêts de finition (agents ignifugeants), et, surtout, enductions et contrecollés grâce auxquels se protéger d'un même tenant contre de multiples risques (feu et intempéries par exemple).
Ainsi, appliquées sur les textiles, des enductions souples et solides à l'usage et à l'entretien ont permis la mise au point de vêtements imperméables à l'eau, aux produits chimiques, aux huiles, aux gaz... ou encore, dans le cas de tenues de camouflage, à des vêtements bariolés capables de se fondre dans le paysage tout en limitant la réémission des rayons infra-rouges de lunettes de détection.

D'une manière générale, les enductions microporeuses rendent les tissus imperméables à l'eau mais perméables à la vapeur d'eau afin de permettre l'évacuation de la transpiration : ce sont des textiles 'imperrespirants' que l'on retrouve désormais dans la quasi intégralité des vêtements de protection à moins qu'une totale imperméabilité ne soit requise, comme dans les scaphandres enduits pour la protection chimique et contre les gaz. Le grand public connaît bien ce principe qui est illustré dans les tenues du type Gore- tex®.

Le contrecollage, lui, permet d'assembler deux ou plusieurs textiles, ou encore un textile et un film synthétique, tout en conservant une grande souplesse au « complexe » final. Ainsi un vêtement de protection contre la chaleur et les flammes peut-il être constitué d'un tissu extérieur résistant à l'abrasion, à la déchirure et aux flammes, d'une couche interne dite « thermique » faite d'un molleton ou d'un non-tissé épais pour limiter la propagation de la chaleur vers le corps, et, entre les deux, d'une couche « barrière », film imper-respirant pris en sandwich par contrecollage.

Enfin, on peut noter aujourd'hui le développement rapide de vêtements de protection « intelligents », autrement dit susceptibles de réagir et de modifier leur propre structure en fonction des conditions extérieures. Ce sont par exemple le gilet pare-balle de Empa avec climatiseur intégré, ou encore la cagoule de sapeur-pompier instrumentée de Bodysens avec ses capteurs communicants... qui permettent à celui qui la porte de ne pas se laisser surprendre par la forte chaleur ou les fumées nocives qui constituent souvent les premiers risques de mortalité...

●

Sonia Rachline
Journaliste-rédactrice

1 *extraits du texte de Jean-François Dhennin in Futurotextiles 2008*

PROTEX

There is no shortage of dangers. Whether natural, structural or intermittent, the most diverse sectors are exposed: defence, civil protection, health, sports and leisure. Consequently, there is an impressive list of risks against which technical textiles can provide protection: heat , fire, cold weather, chemicals, toxic gases, UV and nuclear radiation, cuts and punctures, static electricity, molten metal splashes, pathogens and many more.[1]

The properties of these protective "shells" are of various origins:
First, there was the appearance on the market of new synthetic fibres with astonishing performances in terms of mechanical strength (aramid fibre, carbon, etc.) and heat and flame resistance (glass fibre, ceramic fabric, etc.).

At the same time, major research was conducted into different types of combinations: mixtures of fibres and filaments (aramid and stainless steel filaments for cut resistant gloves, polyester and carbon threads for antistatics, and so on); textile weaves (double-walled fabrics, 3D, etc.) primers (flame retardants), and, especially, coatings and laminates that can protect against multiple risks (e.g. fire and bad weather).
In textile applications, coatings that are flexible and solid to use and maintain have led to the development of clothing that is impermeable to water, chemical products, oils and gas, or, in the case of camouflage gear, colourful clothing that can blend into the landscape while limiting the emission of detectable infra-red rays.

Generally, microporous coatings make fabrics impermeable to water but permeable to water vapour so that perspiration can be evacuated: these are "waterproof-breathable" textiles, now found in almost all protective clothing, unless a total waterproofing is required, as with hazmat suits that are coated for protection against chemicals and gases. The general public is quite familiar with this principle as illustrated in clothing of the Gore-tex® type.

Lamination, for its part, is used to combine two or more textiles or a textile and synthetic film, while maintaining great flexibility in the final "complex". Thus, a suit protecting against heat and flames can be made of an outer fabric resistant to abrasion, tear and flame, and a so-called "thermal" inner layer made of a fleece or a thick nonwoven fabric to limit the spread of heat to the body, and, in between, a "barrier" layer, a waterproof-breathable film sandwiched by lamination.

Finally, today we can observe the rapid development of "intelligent" protective clothing, capable of reacting and changing its own structure based on external conditions. Examples include the bulletproof vest by Empa with its built-in air conditioner, or the instrumented fireman hood by Bodysens with its communicating sensors that prevent the wearer from being surprised by high heat or harmful fumes, often the first risks of fatality

●

Sonia Rachline
Journalist-writer

1 *Excerpts from the text of Jean-François Dhennin in Futurotextiles 2008»*

Bobine et fil Inox, gant anti-coupure

•

100% INOX

Ces produits sont réalisés à base de fibres en acier inoxydable, denses, résistantes à la corrosion et aux hautes températures (800°), souples, soudables, conductrices de chaleur et électrique. Ces gants et tenue de protection sont utilisés pour le travail sur ligne électrique à haute tension.

Développé par IMMATEC

•

100% INOX

These products are made from stainless steel fibres: dense, resistant to corrosion and high temperatures (800°), supple, sealable, and conductors of heat and electricity. These gloves and protective garments are used by workers on high voltage power lines.

Developed by IMMATEC

www.immatec.com

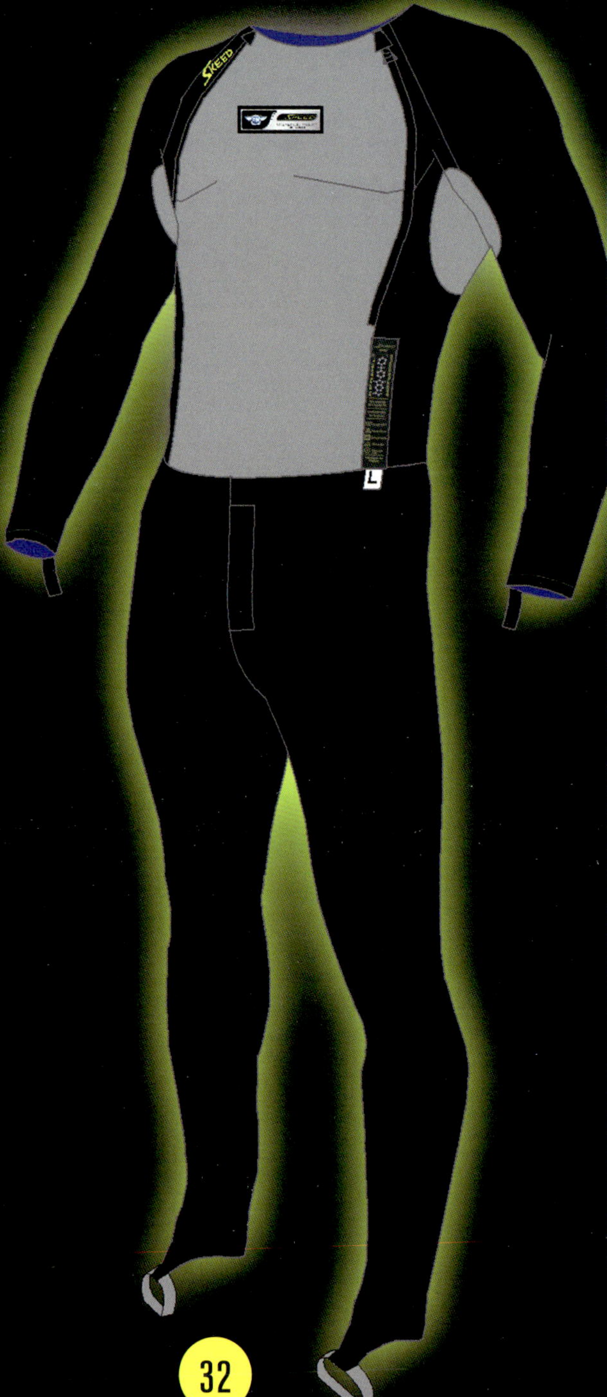

SKEED®, 2011

•

COMBINAISON ET T-SHIRT POUR MOTARDS FIBRE ARAMIDE

La fibre aramide Kermel® est utilisée pour deux applications différentes : dans les tenues de protection aussi diverses que celles des sapeurs-pompiers, des équipages des blindés et des forces de maintien de l'ordre, ainsi que dans les vêtements de travail pour les industries à risques. Ici la sous-combinaison Skeed spécialement développée pour la compétition moto. Elle assure une protection contre la chaleur et le risque de brûlure en cas de glissade à grande vitesse sur l'asphalte.

Développé par KERMEL

•

MOTORCYCLE SUIT AND T-SHIRT ARAMID FIBRE

Kermel® aramid fibre is used for two different applications: in various types of protective clothing – firemen, tank crews and police forces – as well as in work clothes in hazardous industries. Here we see the Skeed bodysuit specially developed for motorcycle racing. It provides protection against heat and risk of burns in the case of a high speed slide on the asphalt.

Developed by KERMEL

•

www.skeed.kermel.com

FLEXOTHANE ®

•

TENUE DE PROTECTION ALIMENTAIRE TRICOT POLYAMIDE AVEC ENDUCTION POLYURÉTHANE

Des recherches poussées sur le matériau textile ont permis de développer des vêtements destinés à protéger l'utilisateur tant des particules chimiques liquides ou en suspension dans l'air que des risques de flammes. Par exemple, le tissu technique Flexothane® Kleen, spécialement conçu pour le domaine de l'industrie alimentaire et l'industrie de pêche, grâce à son enduction polyuréthane, offre une protection contre le froid, mais aussi contre les germes pathogènes (traitement antifongique).

Développée par SIOEN

•

FOOD PROTECTION CLOTHING POLYURETHANE COATING ON KNITTED POLYAMIDE

Extensive research on textile materials has led to the development of clothing designed to protect the user from chemical particles, whether liquid or suspended in the air, as well as from fire. For example, the technical fabric Flexothane Kleen, designed specifically for the food and fishing industries, has a polyurethane coating to provide protection against the cold but also against pathogens due to its antifungal treatment.

Developed by SIOEN

•

www.sioen.com

APPI : Cagoule physio-communicante, 2012

•

ARAMIDE, CAPTEURS COMMUNICANTS

Composée de fibre aramide 99% certifiée non feu, cette cagoule répond à des problématiques essentielles pour la sécurité du sapeur-pompier : ne pas dépasser un temps d'engagement trop important dans les lieux en flammes et communiquer avec son équipe en mode « conférence mains-libres ». Cette cagoule multifonction transmet les mouvements et la position jusqu'à 1000 mètres, par système radio digital codé. Les alertes se font grâce à des capteurs physiologiques qui mesurent la fréquence cardiaque, le niveau d'oxygène et la température de peau tandis que le micro réseau de communication vocale permet une conversation « naturelle ».

Développé par BODYSENS

•

ARAMID, COMMUNICATING SENSORS

Composed of 99% flame retardant treated aramid, this "Active Protection" hood is designed for the essential problems faced by firemen in the course of their work: avoiding excessive engagement when on fire sites and communicating with their partners in a "full-duplex hands-free" mode. This multifunction hood transmits movements and position up to a distance of 1000 meters, thanks to a Digital Radio system. Alerts are triggered by physiological sensors distributed throughout the lining that measure heart rate, oxygen levels and skin temperature while the micro Audio network allows discussions in a "natural" mode.

Developed by BODYSENS

•

www.bodysens.com

Tissu photoluminescent LUMINIGHT®

•

VÊTEMENT PROFESSIONNEL PHOTOLUMINESCENT COTON/POLYESTER PHOTOLUMINESCENT, RUBANS RÉTRO-RÉFLÉCHISSANTS

Ces tissus photoluminescents, testés jusqu'à 20 lavages, se chargent rapidement à la lumière du jour ou à l'aide d'une lumière artificielle. Une fois plongés dans l'obscurité, ils demeurent visibles au moins 8 heures, à la différence des matériaux rétro-réfléchissants, qui exigent la présence d'une source lumineuse pour être vus.

Développé par TDV Industries

•

PROFESSIONAL PHOTOLUMINESCENT GARMENT COTTON/POLYESTER PHOTOLUMINESCENT, RETRO-REFLECTIVE RIBBONS

These photoluminescent fabrics tested up to 20 washes, quickly recharge in daylight or artificial light. Once in the dark, they remain visible for at least 8 hours, unlike retro-reflective materials, which require the presence of a light source in order to be seen.

Developed by TDV Industries

•

www.tdv-industries.fr

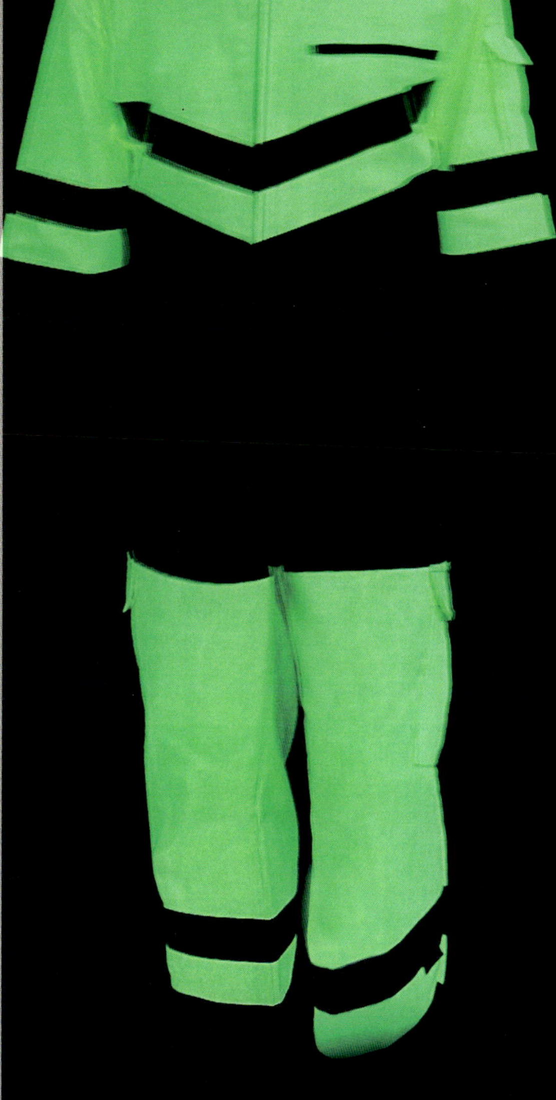

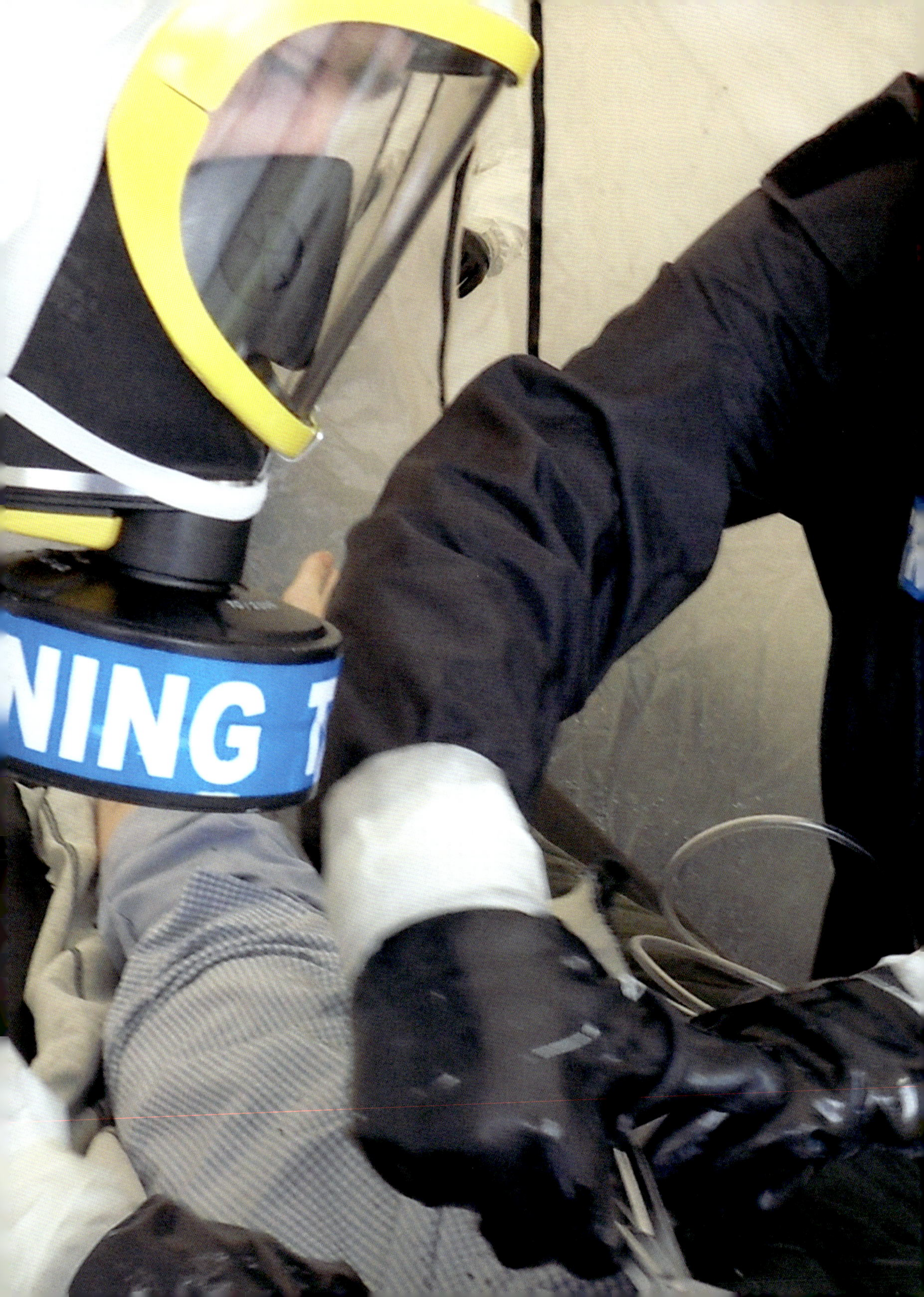
NING

Combinaison de protection NRBC, 2011

•

TENUE FILTRANTE TYPE POLYPROTECT 6 TM AUTODÉCONTAMINANTE MÉDIA-FILTRANT NRBC À BASE DE MICROBILLES DE CARBONE

Réalisée avec un média filtrant composé de microbilles de carbone activé et d'un non-tissé, la tenue de protection NRBC protège l'intervenant des risques nucléaires, radiologiques, biologiques et chimiques, avec un véritable confort. Le principe : filtrer les toxiques tout en autorisant l'évacuation de la sueur et une bonne thermorégulation.

Développé par OUVRY

•

FILTERING OUTFIT OF THE POLYPROTECT 6 TM SELF-DECONTAMINATING TYPE CBRN MEDIA-FILTERING BASED ON CARBON MICROBEADS

Designed with a filter fabric made of activated carbon microbeads and a non-woven fabric, the CBRN protective coverall protects the user from nuclear, radiological, biological and chemical hazards while providing real comfort. The principle: it filters toxic substances and at the same time evacuates sweat and maintains thermoregulation.

Developed by OUVRY

•

www.ouvry.com

CLOTHTEX

Dans le domaine du vêtement, la prédominance du textile n'étonne personne : c'est, depuis toujours, « le » matériau de prédilection. Un matériau qui, à première vue n'évolue pas si radicalement que ça : au fil des siècles en effet, les lignes changent quand les étoffes, elles, semblent immuables.

Mais « semblent » seulement, car au-delà des seules apparences, les dessous du confort connaissent -depuis 50 ans en particulier- une avancée continue -et spectaculaire- grâce à la souplesse grandissante des fibres et tissus. Le nylon inventé dans les années 30, le Lycra en 1959, et puis plus récemment les micro-fibres, et textiles cosmétiques avec leurs encapsulations de principes actifs...Toutes ces innovations contribuent inlassablement à resserrer les liens. Des liens de douceur, de *bien être* et d'aérienne légèreté entre le vêtement et celui qui le porte, laissant d'ailleurs penser que les vêtements de la collection « Visible Emotion » de Ginna Lee, par exemple, et l'empreinte laissée par les pressions que l'on y exerce, ou encore l'intérieur du sac éclairant éclairé de Dognin, ou enfin la robe en molécule de vin de Gary Cass et Donna Francklin, ne relèvent pas d'une lointaine science-fiction.

La notion de « seconde peau » est ainsi de plus en plus une réalité, d'autant qu'en parallèle des performances techniques, l'accent est mis sur la dimension esthétique -concurrence et marché obligent. Plus ça va, plus ce qui est pratique se doit également d'avoir du style.

Pour autant, en terme de mode proprement dite, progrès et évolution procèdent plutôt par le biais de détournements : lorsque dans les années 20 Chanel détourne le vestiaire masculin, c'est une révolution. Idem lorsque dans les années 60 Paco Rabanne détourne des matériaux industriels comme le plastique ou le métal. Idem encore dans les années 90 avec Martin Margiela et ses recyclages tous azimuts, Issey Myake et son Pleats Please technologique ou encore, à découvrir ici, Yohji Yamamoto et sa robe en vinyle gonflable. On pourrait en citer de nombreux autres. Au fil du temps, les plus grands couturiers se sont souvent et précisément distingués par leur capacité à s'approprier d'autres univers et matériaux. Que leurs appropriations deviennent des tendances durables et s'inscrivent dans l'histoire de la mode est une autre histoire dont seul le temps (et bien sûr l'argent), justement, détiennent la réponse. Mais l'audace qu'ils déploient, la volonté qui les portent de recréer le mouvement, d'initier une nouvelle allure, l'imaginaire avec lesquels ils s'élancent sont toujours à prendre avec la plus grande considération. Parce que cette manière d'opérer de libres échanges, d'ouvrir le dialogue est porteuse d'art et de poésie souvent, de créativité toujours. Comme en témoignent encore la robe en origami de bois conçue spécialement pour *Futurotextiles* par la créatrice Léa Peckre et la designer textile Elysa Strozyk. Ou encore celle en dentelle de papier végétal de l'artiste brésilen Jum Nakao.

●

Sonia Rachline
Journaliste-rédactrice

CLOTHTEX

In the clothing business, the predominance of textiles comes as no surprise: it's always been "the" material of choice. A material that, at first glance, has not evolved so radically: over the centuries, in fact, while lines have changed, fabrics seem unalterable.

But it is only a question of "seem", because beyond mere appearances, the art of creating comfortable clothing has made continuous – and spectacular – advances, especially in the last 50 years, thanks to the growing flexibility of fibres and fabrics. Nylon was invented in the 30s, Lycra in 1959, and more recently there have been microfibres and cosmetic textiles with built-in active components. All of these innovations contribute tirelessly to reinforcing connections: connections between the garment and the wearer based on softness, well being and airy lightness, making us realise that Ginna Lee's "Visible Emotion" clothing collection, for example, and the imprint left when pressure is applied on them, or the illuminated interior of Dognin's bag, or Donna Franklin and Gary Cass's dress made from wine molecules are not a far-off science fiction.

The notion of "second skin" is increasingly becoming a reality, especially given that, alongside technical performance, designers are emphasising aesthetics in order to be more competitive on the market. More and more, the practical must also be stylish.

Yet, in terms of fashion in the stricter sense, progress and evolution tend to proceed more through subversions: in the 20s, when Chanel re-appropriated menswear, it was a revolution. It was the same in the 60s when Paco Rabanne used industrial materials like plastic or metal. And again in the 90s with Martin Margiela and his all-purpose recycling, Issey Myake and his technological Pleats Please line, or, as visitors can discover here, Yohji Yamamoto and his inflatable vinyl dress. One could cite many others. The greatest fashion designers have often distinguished themselves precisely for their ability to appropriate other worlds and materials. Whether their appropriations carry over in long-term trends and mark the history of fashion is another story that only time (and of course money) will tell. But the audacity they demonstrate, their drive to recreate movement and launch a new look, and the imagination they put into their projects is always to be given the highest consideration. Because this manner of freely exchanging and opening up dialogue often drives art and poetry, and is always creative. One need look no further than the wooden origami dress created specifically for ***Futurotextiles*** by the clothing designer Léa Peckre and the textile designer Elysa Strozyk. Or the vegetable paper lace dress by the Brazilian artist Jum Nakao.

●

Sonia Rachline
Journalist-writer

Costura do invisível, 2004
JUM NAKAO

•

ROBE PAPIER / DENTELLE

En juin 2004, Jum Nakao présente pour la première fois à Sao Paulo une performance à la fin de laquelle les modèles portent des vêtements élaborés en « papier végétal ». Ces robes papier/dentelle requièrent plus de 700 heures de travail manufacturé. La précision de la réalisation est impressionnante, conférant à ces réalisations évanescentes un caractère magique, digne des doigts de fée les plus agiles... Un magnifique hommage à la dentelle !

•

PAPER / LACE DRESS

In June 2004, for the first time Jum Nakao presented a performance in Sao Paulo which ended with the models wearing clothes made out of "vegetable paper". These paper/lace dresses require over 700 hours of manufacturing time. The precision of the final work is impressive, imparting a magical air to these evanescent creations, worthy of the most nimble fairy fingers... A wonderful tribute to lace!

•

www.jumnakao.com.br

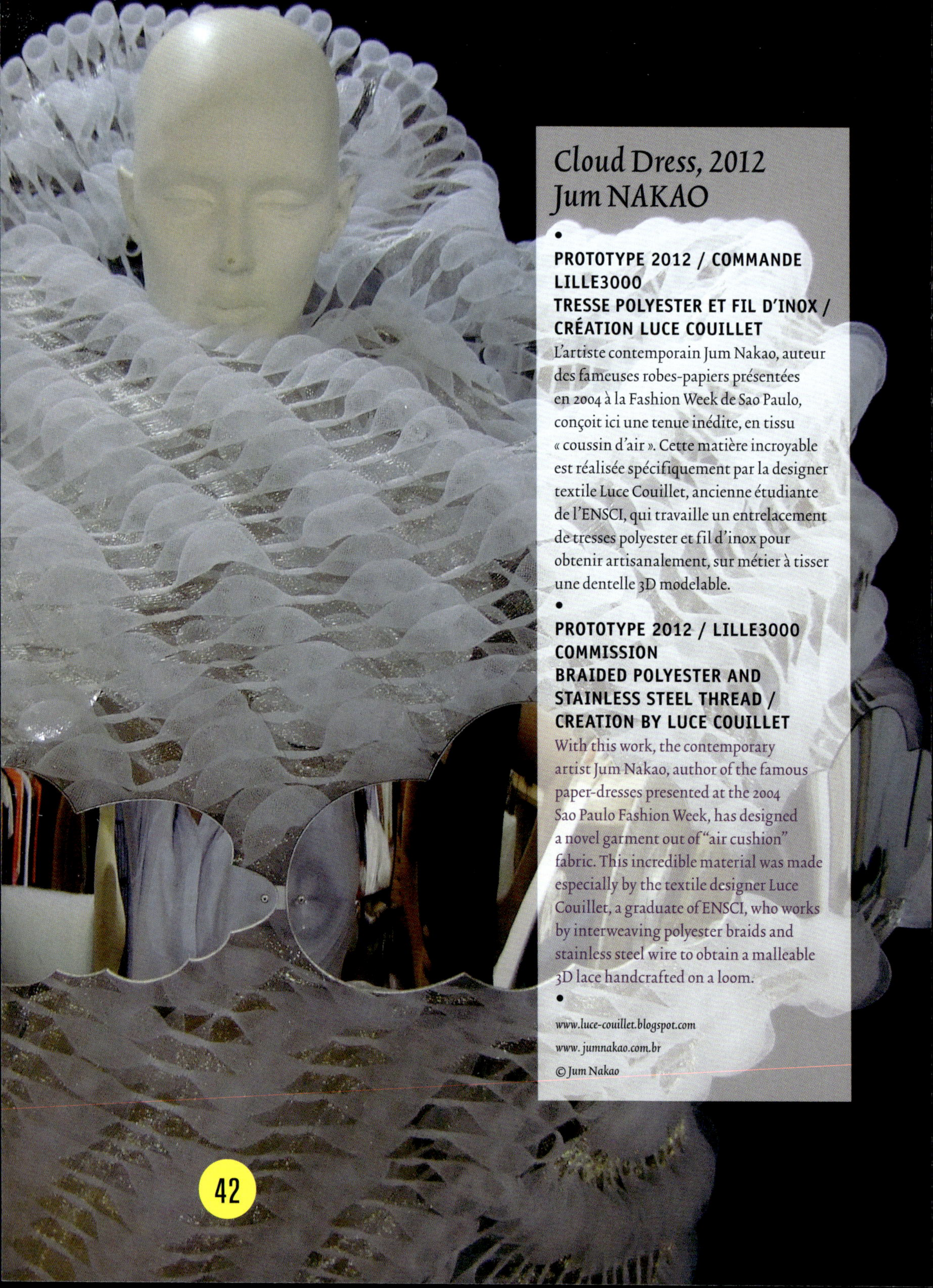

Cloud Dress, 2012
Jum NAKAO

•

PROTOTYPE 2012 / COMMANDE LILLE3000
TRESSE POLYESTER ET FIL D'INOX / CRÉATION LUCE COUILLET

L'artiste contemporain Jum Nakao, auteur des fameuses robes-papiers présentées en 2004 à la Fashion Week de Sao Paulo, conçoit ici une tenue inédite, en tissu « coussin d'air ». Cette matière incroyable est réalisée spécifiquement par la designer textile Luce Couillet, ancienne étudiante de l'ENSCI, qui travaille un entrelacement de tresses polyester et fil d'inox pour obtenir artisanalement, sur métier à tisser une dentelle 3D modelable.

•

PROTOTYPE 2012 / LILLE3000 COMMISSION
BRAIDED POLYESTER AND STAINLESS STEEL THREAD / CREATION BY LUCE COUILLET

With this work, the contemporary artist Jum Nakao, author of the famous paper-dresses presented at the 2004 Sao Paulo Fashion Week, has designed a novel garment out of "air cushion" fabric. This incredible material was made especially by the textile designer Luce Couillet, a graduate of ENSCI, who works by interweaving polyester braids and stainless steel wire to obtain a malleable 3D lace handcrafted on a loom.

•

www.luce-couillet.blogspot.com
www. jumnakao.com.br

Wooden Textile Dress, 2012
Léa PECKRE & Elisa STROZYK

•

WOODEN TEXTILE RÉALISÉ PAR ELISA STROZYK

Moitié bois, moitié textile, ce matériau à la fois dur et souple défie toutes les catégories. Par son odeur, son aspect, il nous paraît familier en même temps qu'étrange, car capable de prendre des formes inattendues et procurant une expérience tactile paradoxale. Entre marqueterie et origami... Le duo Léa Peckre (créatrice) et Elisa Strozyk (créatrice du matériau), a imaginé pour *Futurotextiles* la première tenue en textile bois.

•

WOODEN TEXTILE MADE BY ELISA STROZYK

Half wood, half textile, this both hard and soft material defies all categories. Its smell and appearance make it seem familiar and yet strange at the same time, for it can take on unexpected forms and procure a paradoxical tactile experience. Between marquetry and origami... The duo Léa Peckre (designer) and Elisa Strozyk (material designer) have devised the first wooden textile outfit for *Futurotextiles*.

•

www.leapeckre.tumblr.com

www.elisastrozyk.de

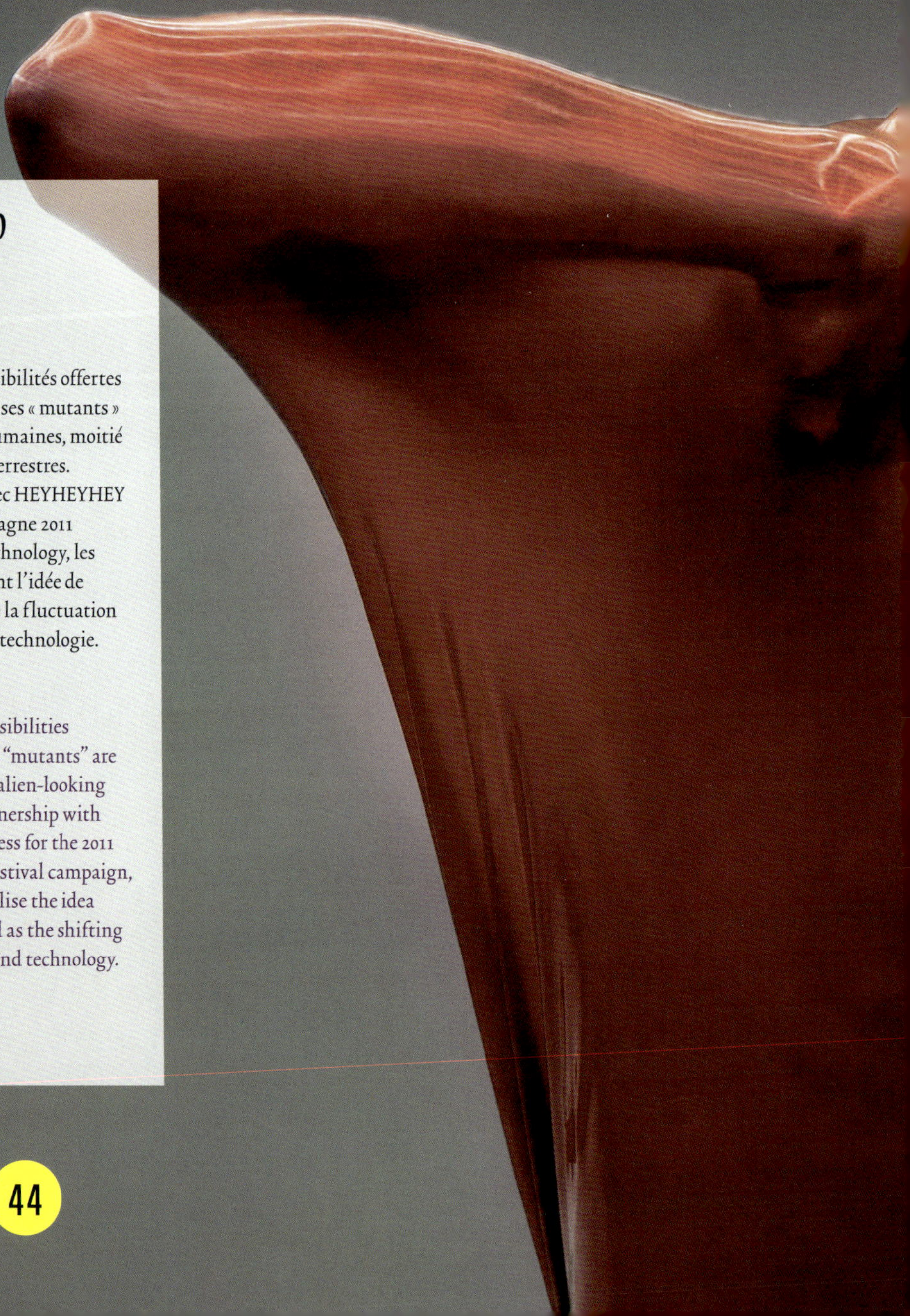

Mutants, 2010
Bart HESS

•

VIDÉO

1 : 04 MIN

Bart Hess exploite les possibilités offertes par les nouveaux médias : ses « mutants » sont des figures moitié humaines, moitié textiles, à l'allure d'extraterrestres. Conçus en partenariat avec HEYHEYHEY et Bart Hess pour la campagne 2011 du festival STRP Art & Technology, les STRP mutants symbolisent l'idée de transformation, ainsi que la fluctuation des frontières entre art et technologie.

•

VIDEO

Bart Hess exploits the possibilities offered by new media: his "mutants" are half human, half textile, alien-looking figures. Designed in partnership with HEYHEYHEY and Bart Hess for the 2011 STRP Art & Technology festival campaign, the STRP mutants symbolise the idea of transformation, as well as the shifting boundaries between art and technology.

•

www.barthess.nl

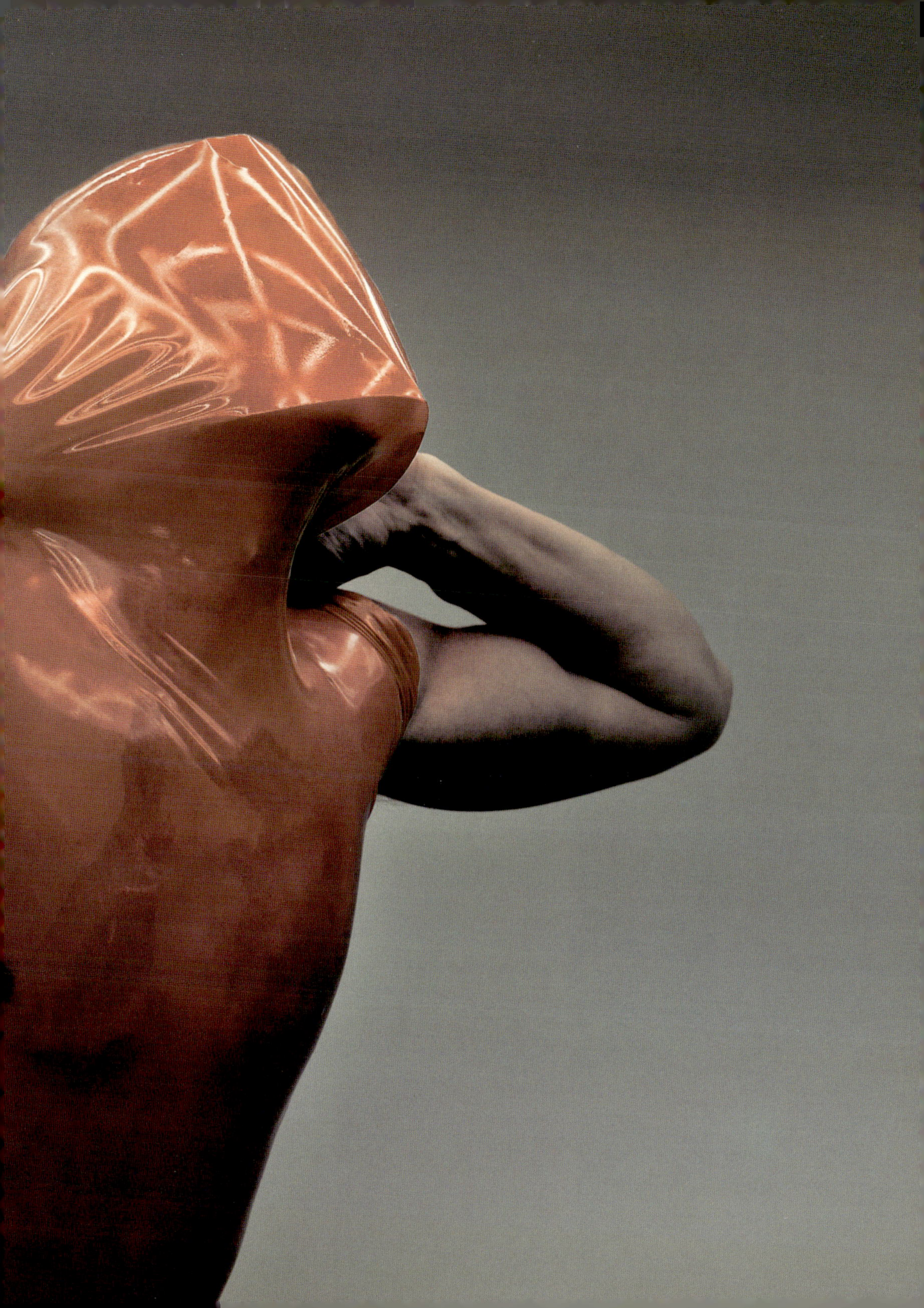

Boat Dress, 2010
Jacqueline BRADLEY

•

TISSU, BATEAU GONFLABLE, COTON, CARTON, MÉTAL ET BOIS
130 X 100 X 200 CM

Avec ses œuvres, Jacqueline Bradley comble le fossé entre la réalisation artistique et l'environnement. En l'occurrence l'eau, la mer. Cette robe-bateau gonflable en coton, métal et bois allie avec une pointe d'humour le vêtement et le moyen de transport, le tout sur un mode décalé. L'artiste met en scène cette tenue à travers une performance dans laquelle elle apparaît elle-même vêtue de ce gilet de sauvetage unique en son genre, délicieusement frivole.

•

FABRIC, INFLATABLE BOAT, COTTON, CARDBOARD, METAL AND WOOD

In her works, Jacqueline Bradley bridges the gap between artistic production and the environment. For her, this means water, the sea. With a touch of humour, this curious-looking inflatable boat dress made of cotton, metal and wood doubles as clothing and a means of transport. The artist stages this outfit through a performance in which she herself appears wearing this unique, delightfully frivolous lifejacket.

•

www.jacquelinebradley.com.au

Visible Emotion, 2010
Ginna LEE

•

Ginna Lee cherche à retranscrire dans ses créations le rapport entre le vêtement, l'émotion et le mouvement, de la personne qui le porte. La robe est ici réalisée dans une matière épaisse qui conserve de façon éphémère la trace des pressions qu'on y exerce. Lorsqu'on se touche le bras par exemple, les doigts imprègnent un temps leur marque sur la manche. Une empreinte qui nous raconte...

•

In her designs, Ginna Lee seeks to transcribe the relationship between clothing, the emotion and movement of the wearer. Here, the dress is made of a thick material that for a short while retains traces of the pressure exerted on it. When one touches the arm for example, the impression left by the fingers can be seen on the sleeve for a time. An imprint that tells a story...

•

www.ginnalee.net

Veasyble unfold a beautiful intimacy, 2010 GAIAdesign

•

PAPIER COLLÉ SUR POLYÉTHYLÈNE ET TISSU

Cette création prototype a été conçue en fonction de trois principes : l'isolement, l'intimité et l'ornement. Un objet destiné à se construire, le temps d'une pause, d'un baiser ou d'un exercice de méditation, une bulle de tranquillité, un espace à soi, protégé de la foule et du brouhaha des villes. A déployer pour échapper au stress, à replier une fois que l'on est ressourcé, enfin disposé à appréhender l'environnement urbain.

•

PAPER GLUED ON POLYETHYLENE AND FABRIC

This prototype creation was designed on the basis of three principles: isolation, privacy and ornament. An object to be constructed, in the time of a break, a kiss or a meditation exercise, a bubble of tranquillity, your own space, protected from the crowds and the bustle of cities. Extend it to escape stress, fold it back once you are refreshed and finally ready to take on the urban environment.

•

www.veasyble.com

Sleep Suit, 2009
Forrest JESSEE

•

MOUSSE EVA

La *Sleep Suit* de Forrest Jessee permet à celui qui la porte de faire de petites siestes à n'importe quel endroit et dans n'importe quelle position (assis, allongé sur le dos ou le ventre). Les lamelles de mousse EVA qui la constituent apportent confort et possibilité d'isolement, tout en laissant l'air circuler librement. Facile à transporter, cet équipement possède une mémoire qui lui permet de créer des zones plus dures ou plus moelleuses en fonction de la position du dormeur.

•

EVA FOAM

Forrest Jessee's *Sleep Suit* allows the wearer to take small naps in any location and in any position (sitting, lying on the back or stomach). The EVA foam strips from which the suit is made provide comfort and the possibility of isolating oneself, while allowing air to circulate freely. The suit is easy to carry and has a memory that enables it to create harder or softer areas depending on the sleeper's position.

•

www.forrestjessee.com

Robe Collection Printemps – Eté, 1999 Yohji YAMAMOTO

•

VINYLE, JERSEY RAYONNE, COTON, SOIE ET CUIR

Un des témoins du fabuleux défilé de la collection printemps-été 1999 de Yohji Yamamoto. Histoires de mariées heureuses, tristes, rebelles ou de veuves joyeuses… Cette robe en textile vinyle gonflable est un vêtement hybride, entre architecture et tenue de soirée, sur lequel s'impriment avec humour les influences d'une tradition japonaise revisitée.

Prêt du CNAP

•

VINYL, RAYON JERSEY, COTTON, SILK AND LEATHER

One of the witnesses of Yohji Yamamoto's fabulous spring-summer collection show in 1999. Stories of happy, sad, or defiant brides and merry widows… This inflatable, vinyl textile dress is a hybrid of architecture and evening wear, upon which the designer humorously imprints influences of a revisited Japanese tradition.

Loan from the CNAP

•

www.yohjiyamamoto.co.jp

www.cnap.fr

Le fil de l'ange, 2012
Janaïna MILHEIRO

•

MANTEAU DE GUIPURE EN PETITES PLUMES MARABOUT

Créé spécialement pour lille3000 et *Futurotextiles*, un manteau tout en plumes, ébarbées, entrecroisées jusqu'à former un tissu presque immatériel. Aérien, flottant. Une référence explicite à l'ange joué par Bruno Ganz dans le film de Wim Wenders, *Les Ailes du Désir* : un personnage portant pardessus et grandes ailes blanches, oscillant entre sa condition céleste et l'insoutenable envie de s'incarner, c'est-à-dire de s'humaniser.

Broderie industrielle : Tissus pour Michèle Lemaire

Modélisme : Elsa Bourdin et Sonia Desouza

•

FILET LACE COAT MADE OUT OF SMALL MARABOU STORK FEATHERS

Created especially for lille3000 and *Futurotextiles*, a coat made entirely of feathers, trimmed and crisscrossed to form an almost immaterial fabric. Ethereal and floating. An explicit reference to the angel played by Bruno Ganz in Wim Wenders' film, *Wings of Desire*: a character wearing an overcoat with large white wings, caught between his heavenly condition and the unbearable urge to be incarnated, that is to say to become human.

Industrial embroidery: tissius pour Michèle Lemaire

Modelling: Elsa Bourdin and Sonia Desouza

•

www.michelelemaire.fr

www.janaina-milheiro.com

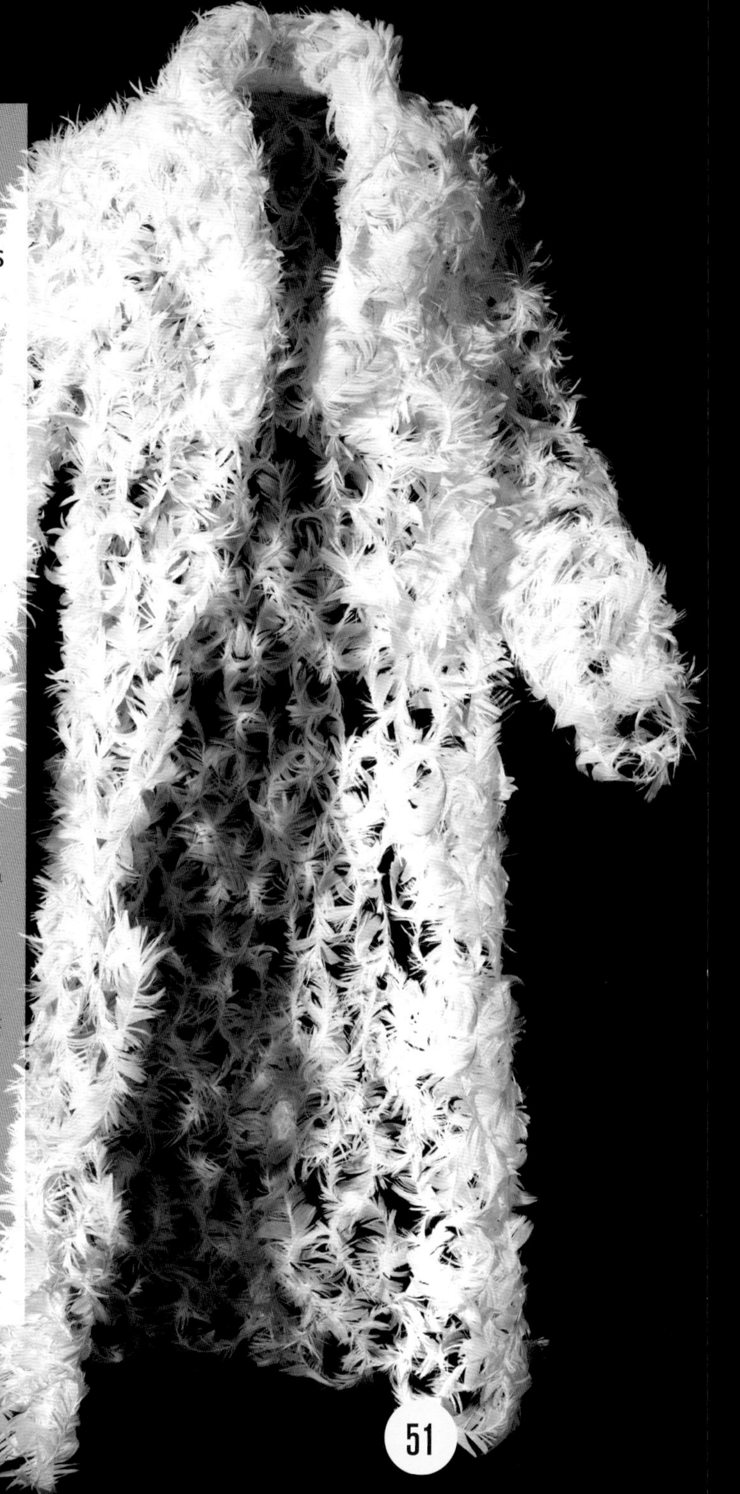

Micro'be' Fermented Fashion, 2007 Donna FRANKLIN & Gary CASS

•

PROTOTYPE VÊTEMENT CELLULOSE PRODUITE PAR LA CULTURE DE BACTÉRIES ISSUES DU VIN ROUGE

La bactérie « à la mode » et la lie de vin comme base de travail… Gary Cass et Donna Franklin sont partis à la recherche d'une nouvelle forme de matériau « textile », organique, fermenté, semblable aux dépôts que l'on trouve sur les parois des vieilles bouteilles… Peut-être porterons-nous un jour des robes, t-shirts et pantalons conçus à partir de moût de vin. Un grand cru qui pourrait bien nous faire tourner la tête.

•

PROTOTYPE GARMENT CELLULOSE PRODUCED BY THE CULTURE OF RED WINE BACTERIA

"Fashionable" bacteria and wine dregs as a working basis… Donna Franklin and Gary Cass seek to discover a new form of organic, fermented "textile" material to be derived from the deposits found inside old bottles… Maybe one day we will be wearing dresses, t-shirts and trousers designed from grape must. A vintage that could well turn a few heads.

•

www.bioalloy.org

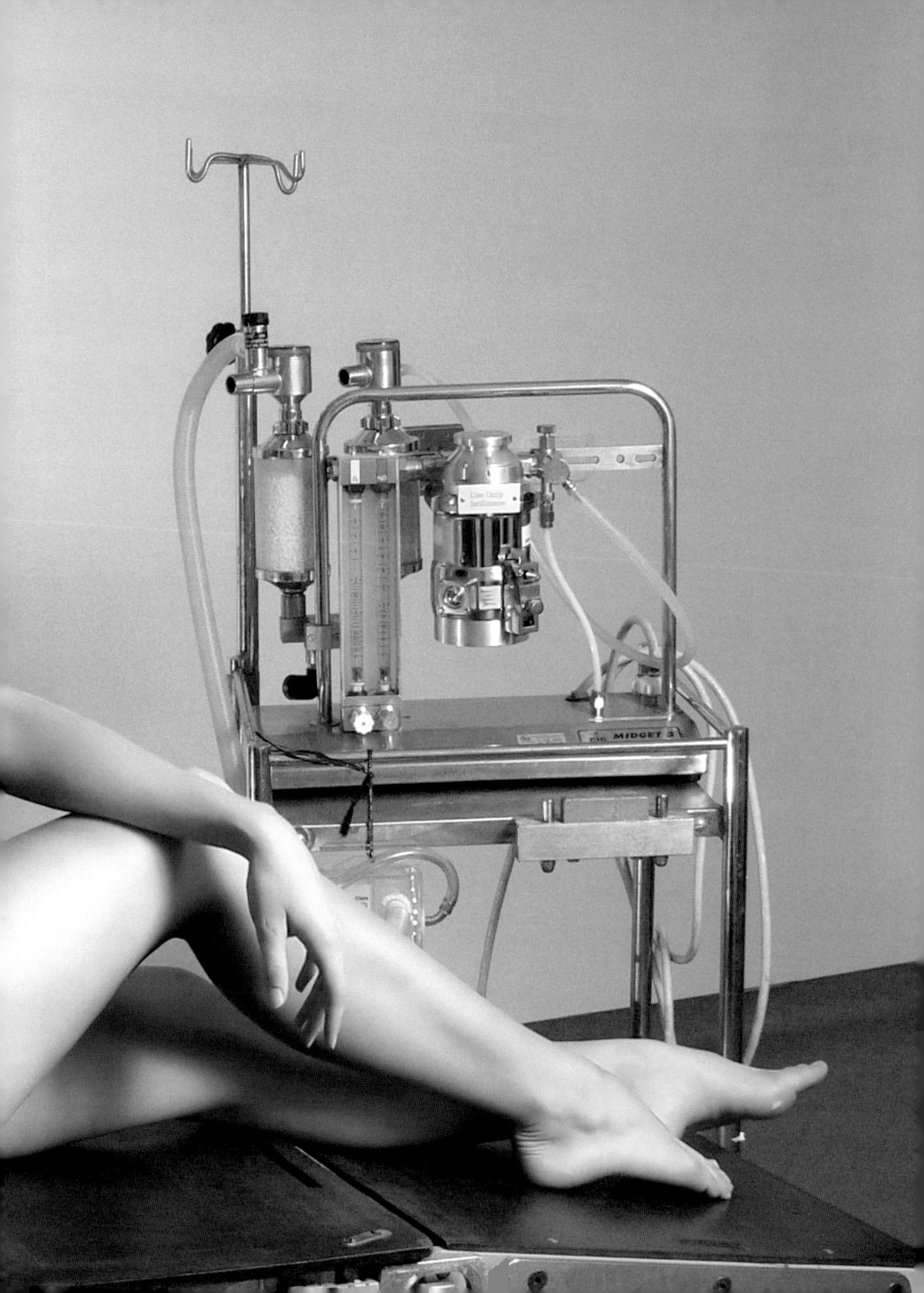
MIDGET 3

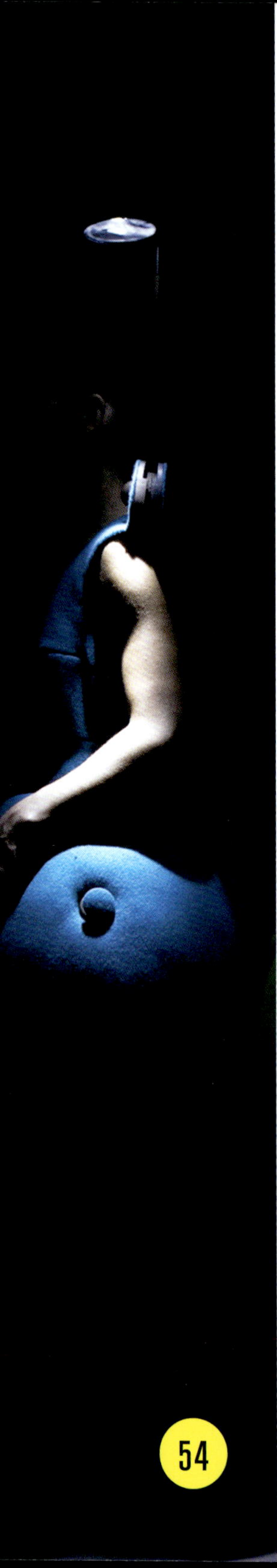

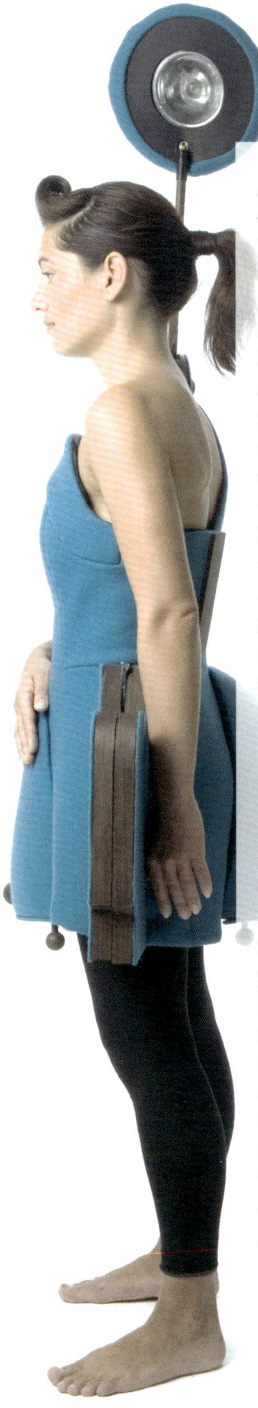

Sharewear, 2008
Di Mainstone

•

LAINE ET MOUSSE RECYCLÉE AVEC LEDS ET COMPOSANTS ÉLECTRONIQUES

Sharewear a été montrée pour la première fois lors d'une performance : sur une scène, des jumelles font face à deux caisses identiques, contenant deux robes démantelées. Petit à petit, pièce par pièce, les sœurs reconstituent le vêtement, et se connectent réciproquement, à la manière d'un puzzle. La liaison des deux habits actionne des leds, provoquant une réunion des espaces par la lumière.

Développé en partenariat avec V2—INSTITUT FOR UNSTANABLE MEDIA

•

WOOL AND RECYCLED FOAM WITH LEDS AND ELECTRONIC COMPONENTS

Sharewear was shown for the first time during a performance: on a stage, twin sisters face two identical boxes containing two dismantled dresses. Little by little, piece by piece, the sisters put the garments back together, connecting the two dresses to each other like in a jigsaw puzzle. When they have slotted together, the two dresses activate LEDs that light up the two spaces.

Developed in partnership with V2—INSTITUT FOR UNSTANABLE MEDIA

•

www.dimainstone.com

Across the wind, 2010
Peggy HOUSSET

•

MONOFILAMENT PHOTOLUMINESCENT

Créé par Peggy Housset, designer lilloise, en partenariat avec Maisons de Mode et anciennement Textiles de France, ce vêtement travaillé dans le plus pur respect des traditions prouve à quel point il est possible de combiner innovation, créativité et pérennité des savoir-faire. Le mono-filament rebrodé de croix photoluminescentes a inspiré la silhouette de cet habit à la matière légère et transparente.

Développé en partenariat avec MAISONS DE MODE *et* TEXTILES DE FRANCE

•

PHOTOLUMINESCENT MONOFILAMENT

Created by the Lille-based designer Peggy Housset in partnership with Maisons de Mode and formerly Textiles de France, this garment made in the purest respect for tradition proves to what extent it is possible to combine innovation, creativity and enduring know-how. The monofilament embroidered with photoluminescent crosses inspired the cut of this dress made out of light, transparent material.

Developed in partnership with MAISONS DE MODE *and* TEXTILES DE FRANCE

•

www.peggyh.fr

www.maisonsdemode.com

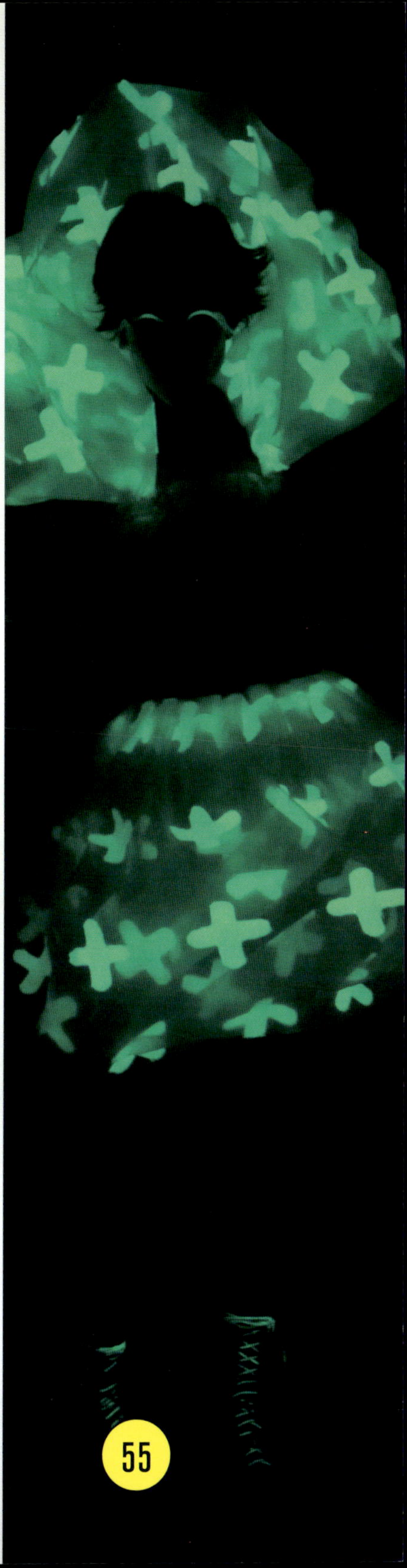

Immateriality : The Future Human / Digital Skins Collection Jenny LEE

•

CAOUTCHOUC, POUDRE IRISÉE, CHEVEUX SYNTHÉTIQUES BRODERIE PERLÉE

A la frontière de la mode et de la science-fiction, le projet artistique The Future of Human se compose d'une série de peaux virtuelles qui résulte de la collaboration entre Jenny Lee et une société de développement technologique 3D. L'avenir proposé par Jenny Lee brouille les limites entre réel et virtuel. Inspirée par la morphogenèse et le processus de cristallisation des minéraux, elle crée une série de peaux à l'esthétique radicalement non-humaine.

•

RUBBER, SHIMMER POWDER, SYNTHETIC HAIR BEADWORK

"The Future of Human" feature a series of digital skins that is the result of a collaboration of Jenny Lee and a company who deal with 3D technologies. The future proposed by Jenny Lee blurs the limits between real and virtual. Inspired by morphogenesis and mineral crystallisation processes to fashion a series of radical non-human like aesthetics. When a consumer comes into contact with another consumer wearing a bionic lens, they will see their chosen virtual skin.

•

www.jennylee.org.uk

Optic Fiber Dress
Joan FABREGAS

•

FIBRE OPTIQUE

Composée de plusieurs couches de textile lumineux, cette robe en polyester, polyamide et fibres optiques décompose la lumière en plusieurs couleurs, aux teintes crépusculaires. La tenue est prévue pour pouvoir être allumée facilement, s'adaptant à différents types d'alimentation électrique (secteur ou batteries).

•

OPTIC FIBRE

Composed of several layers of luminous fabric, this dress in polyester, polyamide and optic fibres breaks down the light into several colours, in shades of twilight. The garment is designed to be easily turned on, adapting to different types of electric power (mains or batteries).

•

www.joanfabregas.com

Auspicious circle, 2010
Rachna JOSHI NAIR

•

CERCLE DE FEUILLES EN SOIE ET COTON. TECHNIQUE DE NŒUDS FAITS MAIN. 145 CM (DIAM.)

Rachna Joshi Nair combine une passion pour les beaux matériaux et la facture artisanale. Comme ici, avec ce grand cercle de feuilles en soie et coton, nouées à la main, où elle revisite les techniques traditionnelles, notamment indiennes, afin de les inscrire dans le présent et d'en faire des expressions à part entière de notre époque. Elle manipule les matériaux, détourne les objets. *Auspicious* est un exemple de ce mélange entre artisanat et décoration très actuelle : pour l'occasion, la nature s'invite dans nos demeures sous une forme artificielle, celle d'un tapis trompe-l'œil.

•

CIRCLE OF LEAVES IN SILK AND COTTON. TECHNIQUE OF HANDMADE KNOTS.

Rachna Joshi Nair combines a passion for beautiful materials and craftsmanship. As here, with this large, hand-knotted circle of silk and cotton leaves, she revisits traditional techniques, Indian in particular, setting them in the present and making them fully-fledged expressions of our time. She manipulates materials and subverts objects. *Auspicious* is an example of this highly topical mix of craft and decoration: for the occasion, nature invites itself into our homes in an artificial form, that of a carpet in trompe-l'oeil.

•

www.simbl.eu

Essai textile, 2008
Tzuri GUETA

•

PROTOTYPE, DENTELLE ET SILICONE

Le créateur Tzuri Gueta a mis au point un procédé de dentelle siliconée et une résille particulière à partir desquelles il crée des objets à la fois futuristes et féeriques : des sculptures et objets insolites (comme ces « oursins précieux » faits d'une matière perlée à première vue indéfinissable), des bijoux, des accessoires…

•

PROTOTYPE, LACE AND SILICONE

The designer Tzuri Gueta has developed a method of making silicone lace and a special mesh from which he creates objects that are futuristic and magical at once : sculptures and strange objects (such as the "precious urchins" made of a beaded material that at first glance is indefinable), jewellery and accessories…

•

www.tzurigueta.com

Oursin précieux, 2010
Tzuri GUETA
Bague en silicone, fibre textile (soie) et cristaaux de Swarowski
Ring in silicone, textile fibre (silk) and Swarowski crystal
www.tzurigueta.com

Démarches, 2012
UNQUIDESIGNERS

•

CHAUSSURE 129 AVEC BRODERIE DE COTON ET MICRO-ENCAPSULATION

La démarche du collectif « Unquidesigners » repose sur une réflexion autour des usages et de leur scénarisation. Les designers en partenariat avec un célèbre bottier, proposent ici une chaussure personnalisée en fonction de la marche et la démarche de l'utilisateur. Le principe : une broderie de coton sur textile éco-conçu qui se teinte de couleurs différentes par capillarité grâce à des capsules connectées au verso ; le graphisme apparait de façon unique suivant l'usager, au fur et à mesure du port de la chaussure et en fonction des appuis du pied.

Développé en partenariat avec l'ATELIER MAURICE ARNOULT

•

SHOE 129 WITH COTTON EMBROIDERY AND MICRO-ENCAPSULATION

The process followed by the Unquidesigners collective is based on an analysis of uses and their application in space. Here, in partnership with a famous shoemaker Unquidesign's designers are proposing a shoe customised to the user's walk. The principle: cotton embroidery on an eco-designed textile that tints different colours through capillary action, thanks to the capsules connected underneath; the graphic design appears uniquely according to the user, over time, as the shoe is worn, and depending on where the person's foot applies pressure.

Developed in partnership with ATELIER MAURICE ARNOULT

•

www.unquidesigners.com
www.maurice-arnoult.fr

Le Polochon 1

•

SAC
EN CUIR, LEDS ET TISSU RÉFLÉCHISSANT
45 X 26 CM

Sac polochon DOGNIN en cuir flexible (cuir marouflé sur un tissu élastique tendu - procédé breveté) avec intérieur lumineux. Ce grand sac est constitué d'une unique pièce de cuir, soudée avec un tissu élastique qui lui donne une astucieuse mémoire de forme. De plus, sa doublure intègre un ruban lumineux associé à un tissu réfléchissant qui s'éclaire automatiquement à l'ouverture du sac. Pour retrouver ses clés sans peine, même en pleine nuit !

Développé par DOGNIN

•

BAG IN LEATHER, LEDS AND REFLECTIVE FABRIC

DOGNIN Polochon bag in supple leather (leather mounted on a stretched elastic fabric - patented process) with illuminated interior. This large bag is made from one single piece of leather held together with an elastic fabric, which gives the bag a strong shape memory. Furthermore, its lining has a built-in luminous strip associated with a reflective fabric that lights up automatically when you open the bag. Easy to find your keys, even at night!

Developed by DOGNIN

•

www.dogninparis.com

SMARTEX

TEXTILES INTELLIGENTS

Les textiles intelligents enrichissent les caractéristiques traditionnelles du textile, tel que le fait d'être tissé ou pliable, avec un nouvel ensemble de propriétés dynamiques. Ces textiles changent par exemple de couleur, de forme ou de consistance, émettent du son ou de la lumière, produisent de l'électricité en fonction de variations dans leur environnement. On distingue deux grandes familles de textiles intelligents. La première concerne des textiles qui changent de propriétés physiques tels que les textiles photochromiques qui se colorent sous l'influence des rayons du soleil. La seconde rassemble des textiles qui changent d'état énergétique en convertissant une forme d'énergie en une autre, par exemple: les textiles photovoltaïques qui transforment la lumière en électricité. Dans les deux cas, le textile devient actif. Il acquiert la capacité intrinsèque - puisqu'activée à l'échelle moléculaire -, de transformer une source d'énergie en activité, que cette activité ait des effets visibles ou non à l'œil nu et qu'elle se traduise par une fonction de capteur, d'actionneur, de condensateur ou de convertisseur d'énergie.

Issus de la recherche militaire, médicale ou de l'aérospatiale, ces nouveaux matériaux-machines émergent sous forme de produits finis à partir des années 90. Ils définissent aujourd'hui un champ fertile de création et d'innovation aux facettes multiples. Mariant fils conducteurs et composants électroniques miniaturisés voire textilisés, les textiles électroniques représentent une de ces facettes les plus matures. Exploités dans des secteurs aussi divers que l'habillement, le médical, la protection, le sport ou l'architecture, ils deviennent surfaces interactives au service de l'usager. Ils contrôlent l'état de notre santé ou le climat de nos intérieurs, changent d'apparence au gré de nos humeurs, proposent de nouvelles formes de communication plus sensuelles entre humains et machines.

Expansion, 2011
Pauline TAILLANDIER
Tissu à poches gonflables, valves et pompe électrique piloté par carte électronique programmée
Taffetas soie et velours ligaturé selon la technique du Shibori
Fabric with inflatable pockets, valves and electric pump controlled by programmed electronic card
Silk taffetas and tied velvet according to the Shibori technique
35 x 25 x 16 cm
Developed in partnership with ENSCI – Les Ateliers
www.ensci.com
© Véronique Huyghe - ENSCI

Intimacy White, 2010
Daan ROOSEGAARDE
I-Feuilles, cuivre et technologies interactives
180 x 40 x 40 cm
I-Leaves, copper and interactive technologies
180 x 40 x 40 cm
Développé en partenariat avec V2_LAB Maartje DIJKSTRA et Anouk WIPPRECHT
www.studioroosegaarde.net
© Studio Roosegaarde

Cette matérialité interactive est aujourd'hui en pleine redéfinition. En termes de substances, les polymères – moins onéreux et plus polyvalents-remplacent peu à peu les matériaux dérivés des métaux. On les retrouve notamment au cœur de la recherche actuelle sur les textiles photovoltaïques, les fils électro-actifs et lumino-réactifs. Les synergies croissantes entre nanotechnologie, biologie et informatique qui sous-tendent ces développements laissent envisager la création de textiles intelligents qui ne dépendront plus de l'électronique ou de la chimie artificielle mais de matériaux et dynamiques biologiques. Des composants électroniques comestibles ou des dentelles architecturales intégrant les principes actifs des algues, tels que la bioluminescence ou la photosynthèses, sont déjà en gestation. Longtemps l'apanage des ingénieurs qui en maitrisaient déjà les codes, les textiles intelligents inspirent aujourd'hui une nouvelle génération de designers qui participent à cette redéfinition en explorant leurs applications fonctionnelles aussi bien qu'esthétiques et poétiques. Par exemple, l'imagination d'une architecture vivante qui acquiert un comportement propre, en dehors de tout impératif utilitaire ou bien qui respire, ressent ou frémit aux rythmes de la nature. Les textiles intelligents deviennent alors un medium à part entière, à la fois matériau intellectuel et physique, qui permet de questionner notre rapport au réel, de considérer les implications éthiques ou morales qui sous-tendent l'appropriation de ces ***technologies***.

●

Aurélie Mossé,
Designer textile spécialisée dans le domaine des matériaux intelligents et des technologies numériques.
Chercheuse à CITA, Centre pour les Technologies de l'Information, Copenhague et TFRC, Centre de Recherche pour les Textiles Futurs.

Mood Sweater, 2010
SENSOREE, Kristin NEIDLINGER
Prototype de vêtement communiquant
Col réalisé à partir de plastiques recyclés, robe en coton et lycra, capteurs et tissu conducteur, Leds
Prototype of communicating garment
Collar made from recycled plastics, dress in cotton and lycra, sensors and conductor fabric, Leds
www.sensoree.com
www.slimavocado.com

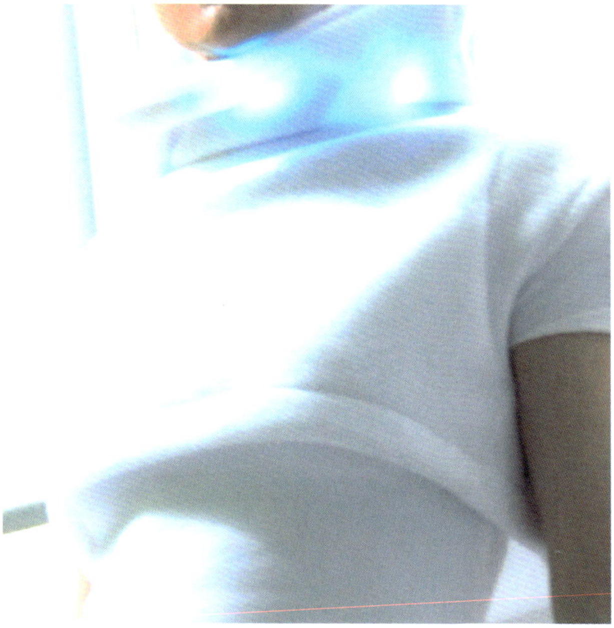

NIRVANA . TRANSCENDANT. BLISS

TRANQUIL . ZEN . PLACID . CALM

ACTIVE . SPRY . FOCUSED . ALERT

RUFFLED . AROUSED . EXCITED

NERVOUS . DELIRIOUS . IN LOVE

SMARTEX

INTELLIGENT TEXTILES

Intelligent textiles enhance the traditional characteristics of textiles, such as being woven or foldable, with a new set of dynamic properties. For example, these textiles change colour, shape or consistency, emit sound or light, or produce electricity based on changes in their environment There are two main types of intelligent textiles. First, textiles that change their physical properties such as photochromic textiles that take on a different colour under the influence of sunlight. Second, textiles that change their energy state by converting one form of energy into another, e.g. solar textiles that transform light into electricity. In both cases, the textile becomes active. It acquires the intrinsic ability – since it is activated on a molecular scale – to transform an energy source into an activity, whether the effects of this activity are visible or not to the naked eye, whether through the action of a sensor, an actuator, a capacitor or an energy converter.

Resulting from military, medical or aerospace research, these new materials started emerging as finished products from the 90s. They now constitute a fertile and multifaceted field of creativity and innovation. Combining conductive threads and miniaturised or even textilised electronic components, electronic textiles represent one of the most mature of these facets. Used in sectors as diverse as clothing, medicine, protection, sport and architecture, they become interactive surfaces serving the user's needs. They control the state of our health or our indoor environments, change their appearance according to our moods, propose new, more sensual forms of communication between humans and machines.

This interactive materiality is currently being redefined. In terms of substances, polymers – cheaper and more versatile – are gradually replacing metal-based materials. For instance, with electroactive and light-reactive threads, they are at the heart of current research on photovoltaic textiles. The increasing synergies between nanotechnology, biology and information systems that have given rise to these developments suggest possibilities for the creation of intelligent textiles that will no longer depend on electronics or artificial chemistry but on biological materials and dynamics. Edible electronic components or architectural laceworks incorporating the active principles of algae, such as bioluminescence and photosynthesis, are already in preparation

For a long time, intelligent textiles were the preserve of engineers who had mastered their codes, but today they are inspiring a new generation of designers who are participating in this redefinition by exploring these textiles' functional applications, both aesthetically and poetically. For example, the imagination of a living architecture that takes on a behaviour of its own, outside of any utilitarian imperative, or which breathes, feels or shivers in keeping with the changing rhythms of nature. So, intelligent textiles are becoming a medium in their own right, at the same time an intellectual and a physical material through which we can question our relationship to reality and reflect on the ethical or moral implications behind the appropriation of these technologies.

●

Aurélie Mossé,
Textile designer specialised in the field of intelligent materials and digital technologies. Researcher at CITA, Centre for Information Technology and Architecture, Copenhagen and the TFRC, Textiles Future Research Centre.

Chrysalide, 2011
Mathilde CHEVALIER
Tissu à poches gonflables, valves et pompe électrique piloté par carte électronique programmée
Tissu de fond en piqué laine et acrylique haut retrait, poches en polyester contrecollé sur papier
Fabric with inflatable pockets, valves and electric pump controlled by programmed electronic card
Background fabric in hooked wool and high shrinkage acrylic, pockets in polyester glued on paper
70 x 35 x 10 cm
Developed in partnership with ENSCI – Les Ateliers
www.ensci.com
© Véronique Huyghe – ENSCI

Mood Sweater, 2010
SENSOREE, Kristin NEIDLINGER

•

PROTOTYPE DE VÊTEMENT COMMUNICANT
COL RÉALISÉ À PARTIR DE PLASTIQUES RECYCLÉS, ROBE EN COTON ET LYCRA, CAPTEURS ET TISSU CONDUCTEUR, LEDS

Cet étonnant pull « révélateur d'humeur », imaginé par Kristin Neidlinger, ancienne danseuse, spécialiste de la médecine de la danse et conceptrice de costumes cinétiques, détecte le niveau d'excitation de la personne et le retranscrit en fonction d'une palette de couleurs préétablies. Le col haut est un révélateur externe des émotions, traduisant de manière colorée un ressenti intérieur ; fonctionnant grâce à des capteurs, il constitue un miroir en biofeedback des émotions de l'utilisateur.

•

PROTOTYPE OF COMMUNICATING GARMENT
COLLAR MADE FROM RECYCLED PLASTICS, DRESS IN COTTON AND LYCRA, SENSORS AND CONDUCTOR FABRIC, LEDS

This amazing "mood-revealing" sweater designed by Kristin Neidlinger, a former dancer, specialist of dance medicine and designer of kinetic costumes, detects the wearer's excitement level and transcribes it according to a range of predefined colours. The high collar is an external indicator of emotions, giving colourful expression to inner feelings; operating by sensors, it acts as a biofeedback mirror of the user's emotions.

•

www.sensoree.com

www.slimavocado.com

© Sensoree / Photo Roger Dyckmans

Playtime 1, 2011
Ying GAO

•

PROTOTYPE DE VÊTEMENT INTERACTIF ORGANZA

Ying Gao s'inspire de la transformation urbaine et sociale qu'elle transpose dans l'univers de la mode. Le film de Jacques Tati *Playtime* présentait un monde où l'architecture ultra moderne et la surveillance étaient omniprésentes. Le réalisateur y mettait en scène des jeux de miroirs et de trompe-l'œil. Ying Gao reprend à son compte ces réflexions sur la perception de l'environnement : ses robes interactives, réalisées dans un organza issu de la maison Amaike (sans doute l'organza le plus léger au monde !), réagissent aux flashs et aux caméras qui ont par conséquent du mal à capter l'image.

Développé par AMAIKE TEXTILE INDUSTRY

•

PROTOTYPE OF INTERACTIVE GARMENT ORGANZA

Ying Gao is inspired by urban and social transformation, which she transposes into the world of fashion.Jacques Tati's film *Playtime* featured a world in which ultra modern architecture and surveillance were omnipresent, with a plot constructed around mirroring effects and trompe-l'oeil. Ying Gao takes up on these reflections on the perception of the environment, adopting them to her own purposes: her interactive dresses, made from the organza produced by the Amaike firm (probably the lightest organza in the world!), react to flashes and cameras, which therefore makes it difficult to capture them in photos.

Developed by AMAIKE TEXTILE INDUSTRY

•

www.yinggao.ca

Walking City 2, 2007
Ying GAO

•

PROTOTYPE DE VÊTEMENT INTERACTIF
ORGANDI DE COTON, NYLON

L'air est le matériau de base de ce vêtement : le nylon et le coton respirent... Les pièces de *Walking City* s'ouvrent et se ferment grâce à un dispositif pneumatique relié à un détecteur sensitif, sonore et de mouvement. Ces éléments pliés se rapprochent également de l'origami japonais. Leur capacité à se gonfler en modifie la perception et en font un vêtement magique, étonnant.

Développé par HAUSSAMMAN + MOOS

•

PROTOTYPE OF INTERACTIVE GARMENT
ORGANDY COTTON, NYLON

Air is the basic material used in this garment in which nylon and cotton breathe. The pieces featured in *Walking City* open and close thanks to a pneumatic device connected to a detector of touch, sound and motion. These folded components are also close to Japanese origami. Their ability to inflate modifies our perception of them and transform them into magical, amazing garments.

Developed by HAUSSAMMAN + MOOS

•

www.yinggao.ca

www.hausammann-moos.ch

Intimacy White, 2010
Daan ROOSEGAARDE

•

I-FEUILLES, CUIVRE ET TECHNOLOGIES INTERACTIVES
180 X 40 X 40 CM

Le studio néerlandais dirigé par Daan Roosegaarde a mélangé technologie de pointe et prêt-à-porter. En ce début de troisième millénaire, la notion de « tactile » débarque en force dans notre quotidien. Intimacy illustre à merveille le phénomène. Faite dans un matériau combinant de fines feuilles de composite et une interface interactive, cette robe modifie les rapports interpersonnels : plus on s'en approche, plus la tenue devient transparente… Le corps envisagé comme « interface », habillé pour mieux se dévoiler. Bienvenu dans le futur !

Développé en partenariat avec V2—LAB Maartje DIJKSTRA et Anouk WIPPRECHT

•

I-LEAVES, COPPER AND INTERACTIVE TECHNOLOGIES

The Dutch studio headed by Daan Roosegaarde has married technology and ready-to-wear. On the threshold of the third millennium, the notion of "tactile" is starting to make a big impact on our daily lives. Intimacy epitomises this phenomenon. Made of a material that combines thin sheets of composite and an interactive interface, this dress modifies interpersonal relationships: the closer you get to it, the more transparent the dress becomes… The body is considered as an "interface" dressed so as to better reveal itself. Welcome to the future!

Developed in partnership with V2—LAB Maartje DIJKSTRA and Anouk WIPPRECHT

•

www.studioroosegaarde.net

Herself Dress, 2010
Helen STOREY

•

70% POLYESTER 30% MÉLANGE DE SOIE, ENNOBLISSEMENT SABLE ET CIMENT ET APPLICATION DE TIO2

Ce vêtement est l'un des premiers habits « photocatalytiques ». Le mécanisme de photocatalyse est essentiellement employé dans le traitement de l'air, son assainissement ou sa désodorisation. Imprégné d'un produit spécifique, le tissu réagit aux molécules nocives de l'air et les repousse. La robe joue donc ainsi un véritable rôle d'écran vis-à-vis de la pollution ambiante. Mieux encore : elle purifie l'air ambiant.

•

70% POLYESTER 30% MIXTURE OF SILK, SAND AND CEMENT FINISHING AND APPLICATION OF TIO2

This dress is one of the first "photocatalytic" garments.
The mechanism of photocatalysis is used mainly in the treatment of air, to sanitise or deodorise. Infused with a specific product, the fabric reacts to noxious molecules in the air and repels them.
The dress therefore truly acts as a screen in relation to atmospheric pollution. Better yet: it purifies the air.

•

www.catalytic-clothing.org

www.helenstoreyfoundation.org

SPORTEX

Qui dit sport de haut niveau dit esprit de compétition et record. Domaine populaire par excellence où l'enjeu financier est souvent de la partie, le secteur sportif se donne volontiers les moyens d'améliorer ses performances. En la matière, les innovations textiles ont toutes cet objectif à l'esprit.... Qui commence sur le terrain même. Caractéristique, les types de sol : la plupart des équipes de football professionnel en Europe jouent sur du gazon synthétique provenant d'entreprises belges comme Desso, Domo ou Lano. De même pour le tennis, le rugby et le hockey, où ce même gazon a conquis le marché mondial, plébiscité pour sa résistance, son immuabilité et son entretien relativement facile.

Qu'il s'agisse d'habillement, d'équipement, d'environnement, les notions de légèreté, de souplesse, de confort, de respiration sont continuellement à l'ordre du jour, désormais poussées à des paroxysmes de subtilité. Il a longtemps semblé impensable de réduire de manière conséquente le poids moyen de 300g d'un maillot cycliste. Et puis en 2004, aux Jeux Olympiques d'Athènes, l'entreprise *Bio-Racer* a bouleversé la discipline en produisant un modèle inédit de 100g seulement grâce au *Coolmax TM*, traitement de la fibre textile issu de la nanotechnlogie, pensé pour optimiser la circulation de l'air.

Aujourd'hui, à peine huit ans plus tard, les textiles révolutionnaires repoussent encore plus loin les frontières du possible.
En témoigne la tenue d'équitation biocéramique de *Horsepilot*, capable d'améliorer la stabilité, de réduire les courbatures, d'activer la circulation sanguine. Ou la combinaison de luge de *Jonathan & Fletcher* dans laquelle on se sent littéralement pousser des ailes. Ou enfin la doudoune en thermo cool de *PEG*, dont les nappes d'isolation - aérien rempart contre le froid - produisent un microclimat réduisant les effets négatifs de transpiration et condensation.

D'une manière générale, de nouveaux records sont atteints, entre autres, grâce à la qualité du vêtement de l'athlète, tandis que le choix du matériau des chaussures contribue à stimuler la vitesse, en athlétisme notamment.[1]
Autre phénoménale avancée: les matériaux composites, dans la mesure où leurs atouts sont la légèreté, la résistance et la sécurité. Du coup, il sont partout dans la course : kayak, raquette ou skis en composite de basalte, casque et planche de surf en composite de lin...
Reste que si tous les plus grands joueurs de tennis international sont viscéralement attachés à leurs cordes fabriquées par une même PME flamande, si les pilotes de montgolfières et autres parachutistes ne prennent les airs qu'équipés de pièces de tissu, câbles, cordes et ficelles en textile technique spécifique... aucun matériau ne suffit à faire le champion. Il est toujours bon de le rappeler : si les textiles innovants jouent le rôle de seconde peau, voire de bras droit, à ce jour, rien ne remplace encore ni le talent, ni l'entraînement humain. Autrement dit, même équipé dernier cri, n'est pas Rafael Nadal qui veut.
●

Sonia Rachline
Journaliste-rédactrice

Casque, 2011
Composite 100% fibre de lin
23 x 23 x 26 cm
Développé par LIBECO LAGAE
Composite 100% flax fibre
23 x 23 x 26 cm
Developed by LIBECO LAGAE
www.libeco.com

1 *avec extraits de Mark Vervaeke in Futurotextiles 2008*

SPORTEX

Mention high-performance sport and "competitive spirit" and "record" immediately come to mind. Sports is the ultimate popular pursuit and, with financial interests often at stake, the sports sector is always interested in finding ways of improving performance. As it happens, textile innovations all have this goal in mind, and it starts with the playing field itself. Most professional football teams in Europe play on artificial turf made by Belgian companies such as Desso, Domo and Lano. The same applies to tennis, rugby and hockey, where this same turf has conquered the world market, as it is widely approved for its strength, constancy and relatively light maintenance.

Whether for clothing, equipment or environment, the ideas of lightness, flexibility, comfort and breathability are constant priorities and are now taken to great extremes of subtlety.
For a long time it was deemed impossible to significantly reduce the average 300g weight of a cycling jersey. And then, in 2004, at the Athens Olympic Games, the Bio-Racer company revolutionized the discipline by producing a new 100g model just by using Coolmax TM, a treatment of the textile fibre derived from nanotechnology and designed to optimise air flow.

Today, barely eight years later, revolutionary textiles are pushing the boundaries of possibility back even further:
The bioceramic riding outfits made by Horsepilot is one example. These outfits are capable of improving stability, reducing cramps and stimulating blood circulation. Or the luge suit by Jonathan & Fletcher in which you literally feels as if you have sprouted wings. Or, to give a final example, the thermal cool jacket by PEG, whose layers of air insulation act as a barrier against the cold and produce a microclimate that reduces the negative effects of perspiration and condensation.
In general, new records are achieved, among other reasons, thanks to the quality of the athlete's clothing, while the choice of material used in the shoes helps boost speed, especially in athletics.[2]

Another phenomenal breakthrough: composite materials, insofar as their advantages lie in their lightness, strength and security. Consequently, they are found in every race: kayaks, paddles and skis made out of basalt composite, helmets and surfboards in linen composite, etc.

It remains that while all the major international tennis players are obstinately attached to using string manufactured by the same Flemish SME, and balloon pilots and parachutists only take to the air equipped with pieces of fabric, wire, cords and string made out of specific technical textiles, no material suffices to make a champion. It is always worth remembering that innovative textiles may act as second skin, or even as a right arm, but to date, no substitute has been found for either talent or training. In other words, just because you have the latest technology it doesn't make you Rafael Nadal.

●

Sonia Rachline
Journalist-writer

Shortboard SUR'FAIR
Thomas de LUSSAC
Planche de surf gonflable
210 x 125 cm
Tissu tridimensionnel polyester
Inflatable surf board
Three-dimensional polyester fabric
www.thomasdelussac.fr
© Thomas de Lussac

2 *with excerpts from the text of Mark Vervaeke in Futurotextiles 2008*

Shortboard SURF'AIR Thomas de LUSSAC

•

PLANCHE DE SURF GONFLABLE
210 X 125 CM
TISSU TRIDIMENSIONNEL POLYESTER

Ce surf nouvelle génération est fait d'un matériau gonflable, un tissu « tridimensionnel ». On utilise des fils en polyester à forte ténacité mais sans les trancher, de sorte que les deux parois en PVC sont retenues entre elles par un entrecroisement de fils, ce qui apporte une rigidité remarquable. Transportable dans un petit sac de sport, le *Surf'Air* se gonfle en deux minutes et devient aussi solide et stable qu'une planche de surf classique.

•

INFLATABLE SURF BOARD
210 X 125 CM
THREE-DIMENSIONAL POLYESTER FABRIC

This new generation surfboard is made of an inflatable material, a "three-dimensional" fabric. High tenacity polyester threads are used but without being cut, so that the two PVC walls are held up by the intersecting threads, which provide remarkable rigidity. Designed to be transported in a small gym bag, the *Surf'air* inflates in two minutes and is as strong and stable as a conventional surfboard.

•

www.thomasdelussac.fr

Planche, 2011

•

COMPOSITE FIBRE DE CARBONE ET FIBRE DE LIN
178 X 42 X 4 CM

Grâce à l'utilisation de matériaux composites en fibre de lin, l'entreprise Libeco, spécialiste dans ce secteur en plein essor, met au point des produits de grande qualité, plus performants en matière d'écologie et beaucoup plus résistants que des matériaux traditionnels. Plus maniables aussi, de par leur côté « poids plume ». En témoigne cette planche à voile extrêmement légère, particulièrement prisée des amateurs de sensations fortes.

Développé par LIBECO LAGAE

•

CARBON FIBRE AND FLAX FIBRE COMPOSITE

Thanks to the use of composite materials made out of linen fibre, Libeco, a company specialising in this rapidly growing industry, is developing high quality products that perform better ecologically and are much more durable than traditional materials. They are also more manageable because of their "lightweight" aspect, as evidenced by this extremely light windsurf boards that is especially popular with thrill seekers.

Developed by LIBECO LAGAE

•

www.libeco.com

Kayak

•

COMPOSITE BASALT

Spécialiste de la fibre de basalte, obtenue à partir de roche volcanique chauffée à haute température, Basaltex développe avec ses partenaires une large gamme de produits sportifs, plus légers, plus résistants, plus performants. Ce kayak réalisé en 2006 rentre dans la catégorie des réalisations technologiques exploitant les qualités de cette fibre de plus en plus prisée. Pour des descentes alliant vitesse et sécurité.

Développé par BASALTEX

•

BASALTE COMPOSITE

A specialist of basalt fibre, produced from heated volcanic rock, Basaltex develops with partners a wide range of lighter, stronger and more efficient sports products. This kayak made in 2006 is one of its technological creations that makes use of the qualities of this increasingly popular fibre. For descents that combine speed and safety.

Developed by BASALTEX

•

www.basaltex.com

Seilbag, 2010
Myung SU LEE

•

NYLON, LEDS ET SYSTÈME ÉLECTRONIQUE
45 X 30 X 19 CM

Le Seil Bag est un sac à dos qui sécurise la conduite du cycliste. Celui-ci, à l'aide de sa manette de contrôle, peut signaler ses mouvements, à droite, à gauche, et ses freinages. Ces gestes sont retranscrits en signaux lumineux sur un écran LED intégré au sac. Bref, un clignotant pratique, spécial deux-roues, qui vient intelligemment compléter la panoplie de base « casque et gilet jaune ».

•

NYLON, LEDS AND ELECTRONIC SYSTEM

The Seil Bag is a backpack that makes the cyclist's journey safer. Using a joystick, the latter can indicate movements right and left, and braking. These gestures are translated into light signals on an LED display built into the bag. In short, this makes for a practical indicator, specially designed for two-wheelers and intelligently complementing the basic equipment set of "helmet and yellow jacket".

•

www.leemyungsu.com

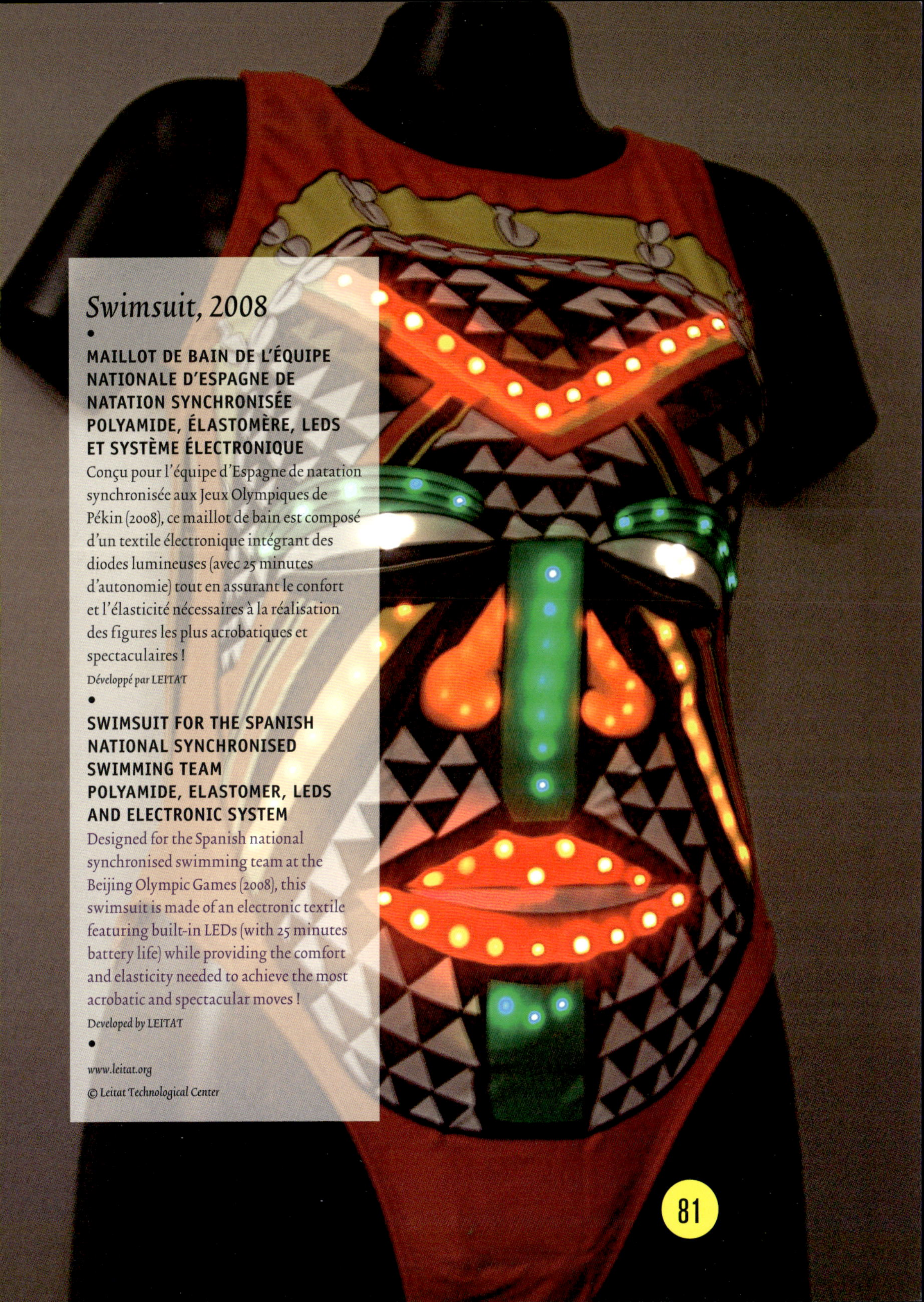

Swimsuit, 2008

•

MAILLOT DE BAIN DE L'ÉQUIPE NATIONALE D'ESPAGNE DE NATATION SYNCHRONISÉE
POLYAMIDE, ÉLASTOMÈRE, LEDS ET SYSTÈME ÉLECTRONIQUE

Conçu pour l'équipe d'Espagne de natation synchronisée aux Jeux Olympiques de Pékin (2008), ce maillot de bain est composé d'un textile électronique intégrant des diodes lumineuses (avec 25 minutes d'autonomie) tout en assurant le confort et l'élasticité nécessaires à la réalisation des figures les plus acrobatiques et spectaculaires !

Développé par LEITAT

•

SWIMSUIT FOR THE SPANISH NATIONAL SYNCHRONISED SWIMMING TEAM
POLYAMIDE, ELASTOMER, LEDS AND ELECTRONIC SYSTEM

Designed for the Spanish national synchronised swimming team at the Beijing Olympic Games (2008), this swimsuit is made of an electronic textile featuring built-in LEDs (with 25 minutes battery life) while providing the comfort and elasticity needed to achieve the most acrobatic and spectacular moves !

Developed by LEITAT

•

www.leitat.org

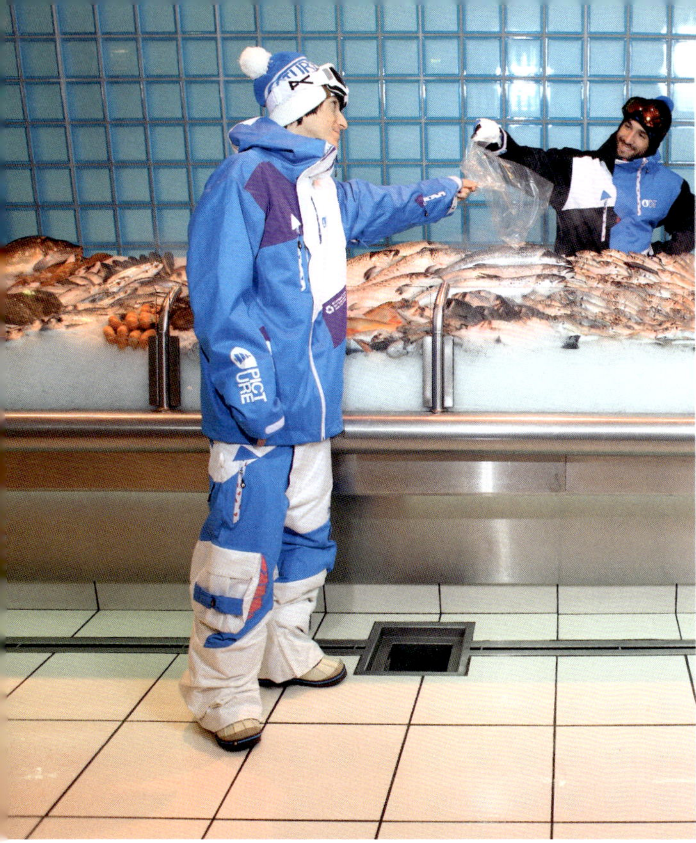

Infuse Jacket & Pant, 2012

•

TENUE DE SKI
100% POLYESTER RECYCLÉ, DOUBLURE BIOCERAMIC

Ciblant le bien-être des sportifs et écologique, Picture Organic Clothing propose des vêtements en coton biologique ou en polyester issu de matières recyclées, comme cette tenue de ski hightech. Ses trois fondateurs ont également développé une gamme spéciale réalisée à partir du « Graal » découvert dans une société située au cœur des Vosges : la membrane Bio Ceramic, aux vertus étonnantes puisqu'elle rééquilibre le corps, lui confère une chaleur inégalable et accélère la récupération.

Développé par PICTURE ORGANIC CLOTHING

•

SKI SUIT
100% RECYCLED POLYESTER, BIOCERAMIC LINING

Environmentally-friendly while focusing on the well-being of sportsmen and women, Picture Organic Clothing proposes clothing made from organic cotton or polyester derived from recycled materials, such as this high-tech ski suit. Its three founders have also developed a special range made from the "holy grail" of materials, found in a company located in the heart of the Vosges: the Bio Ceramic membrane, which has the amazing benefits of balancing the body, providing unbeatable warmth and speeding up recovery.

Developed by PICTURE ORGANIC CLOTHING

•

www.picture-organic-clothing.com

© Picture Organic Clothing collection / Photo Jean-Charles Belmont Riot House Production

Pantalon imperméable labélisé Novadry® FOUGANZA

•

TISSU DÉPERLANT, BAS DROIT EN ÉLASTHANNE, BASANES EN SUÉDINE

Pour assurer confort, performance et liberté de mouvements lors de la pratique d'un sport hippique, le pantalon d'équitation Whippy présente un textile aux atouts multiples. En plus de laisser respirer la peau tout en assurant une forte imperméabilité grâce composent Novadry®, le tissu Stratermic® et sa doublure intérieure IReflect® se composent d'une fine couche d'aluminium pulvérisé qui permet de conserver la chaleur produite par le corps humain.

Développé par OXYLANE/ FOUGANZA

•

WATER-REPELLENT FABRIC, RIGHT STOCKING IN SPANDEX, HIDE IN SUEDE CLOTH

To ensure comfort, performance and freedom of movement when practicing an equestrian sport, the Whippy riding breeches presents a textile with several advantages. In addition to allowing the skin to breathe while providing high water resistance thanks to the Novadry® component, Stratermic® fabric, and an inner lining of IReflect®, which consists of a thin layer of sprayed aluminium, which keeps in the heat generated by the human body.

Developed by OXYLANE / FOUGANZA

•

www.fouganza.com

MEDTEX

UTILISATION DES TEXTILES DANS LE SECTEUR MÉDICAL ET PROSPECTIVES CONCERNANT LA THÉRAPIE PHOTODYNAMIQUE

Le marché des textiles médicaux est en croissance constante avec des applications multiples : textiles fonctionnels (antibactériens ...) , textiles implantables (renforts pariétaux, implants vasculaires,....), texticaments (intégration de médicaments dans des textiles), textiles intelligents (intégrations de capteurs pour le monitoring cardiaque, ...).
Récemment, des textiles médicaux émettant de la lumière (généralement des fibres optiques tissées) ont été développés pour la thérapie photodynamique (PDT). Puisque le cancer est la deuxième cause de mortalité chez l'homme (après les maladies cardiovasculaires), on comprend l'intérêt de la thérapie photodynamique (PDT). Il s'agit en effet d'une technique innovante qui a été récemment acceptée en clinique pour traiter un certain nombre de cancers et ne présentant pas tous les inconvénients des autres traitements. Elle est basée sur la combinaison de deux facteurs : une molécule photosensibilisante qui n'est pas toxique par elle-même et une source lumineuse. Cette molécule est capable d'absorber un photon, entraînant par la suite une série de réactions causant des dommages irréversibles aux tissus concernés. Pour certains types de lésions : kératoses actiniques (lésion « pré-cancéreuse de la peau qui affecte principalement les zones exposées au soleil), mésothéliome (forme rare et virulente de cancer des surfaces mésothéliales qui affecte la plèvre), carcinose péritonéale (envahissement du péritoine par des tumeurs malignes secondaires) où la PDT a pu démontrer son efficacité.

Les textiles lumineux permettent ainsi de procéder à une illumination de surfaces importantes (jusqu'à 500 cm^2), avec une longueur d'onde spécifique (généralement fournie par un laser), avec une intensité importante et de façon très homogène.

•

Serge Mordon,
Professeur-chercheur
Directeur de l'Institut national de la santé et de la recherche médicale (INSERM)

Pad de photothérapie pour le traitement de la jaunisse du nourrisson, 2011
Pad en textile en fibres optiques polymères et module leds
155 x 32 x 0,5 cm (pad)
10 x 10 x9 (module)
Textile pad in polymer optic fibres and LED modules
Developed by BROCHIER TECHNOLOGIES
www.brochiertechnologies.com
© Brochier Technologies

Thérapies interventionnelles assistées par l'image et la simulation (THIAIS), 2011
Serge Mordon, directeur de l'unité, développement de tissage de fibres optiques pour un guidage de laser en surface.
Interventional therapies assisted by image and simulation (THIAIS), 2011
Serge Mordon, head of the unit, development of optic fibre weaves to guide surface lasers.
Developed by INSERM
www.inserm.fr
© Inserm/Patrice Latron

Bilirubin Blanket
Couverture pour le traitement de la jaunisse du nourrisson
Tissu bleu avec leds intégrées
Blanket for the treatment of neonatal jaundice
Blue fabric with built-in LEDs
Developed by PHILIPS
© PHILIPS

BlueTouch pain relief patch
Ceinture pour soulager les douleurs lombaires
Tissu avec leds intégrées

MEDTEX

USE OF TEXTILES IN THE MEDICAL SECTOR AND PROSPECTS FOR PHOTODYNAMIC THERAPY

The market for medical textiles is growing steadily with multiple applications: functional textiles (antibacterial, etc.), implantable textiles (parietal reinforcements, vascular implants, etc.), drug-dispensing textiles (textiles dispensing built-in medication), and intelligent textiles (built-in sensors for heart monitoring, etc.).

Recently, medical textiles that emit light (generally through woven optical fibres) have been developed for photodynamic therapy (PDT). Since cancer is the second leading cause of death in humankind (after heart disease), the interest of photodynamic therapy (PDT) is easily understood. Indeed, this innovative technique, which is free of the disadvantages of other treatments, was recently accepted to clinically treat a number of cancers. It is based on the combination of two factors: a photosensitising molecule that is not toxic in itself and a light source. This molecule is capable of absorbing a photon, entailing a series of reactions that cause irreversible damage to affected tissue. PDT has demonstrated its effectiveness for some types of lesions: actinic keratosis (pre-cancerous skin lesion that mainly affects areas exposed to the sun), mesothelioma (a rare and virulent cancer that affects the mesothelial lining of the pleura), peritoneal carcinomatosis (invasion of the peritoneum by secondary malignant tumours).

Luminous textiles can be used to illuminate large areas (up to 500 cm^2), using a specific wavelength (usually provided by a laser), very evenly and with a high intensity.

●

Serge Mordon
Research Professor
Director at the Institut national de la santé et de la recherche médicale (INSERM)

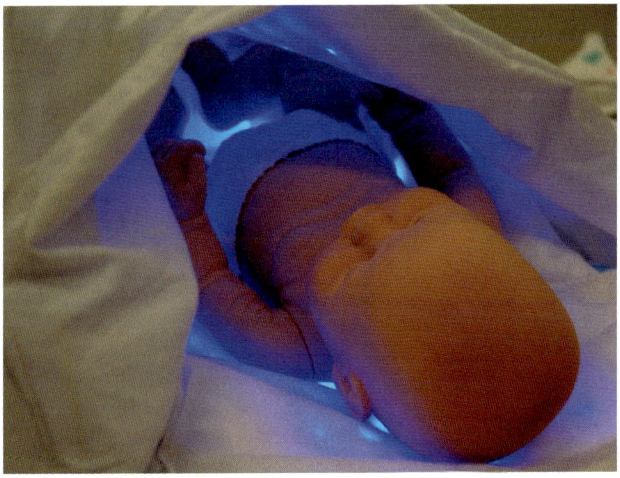

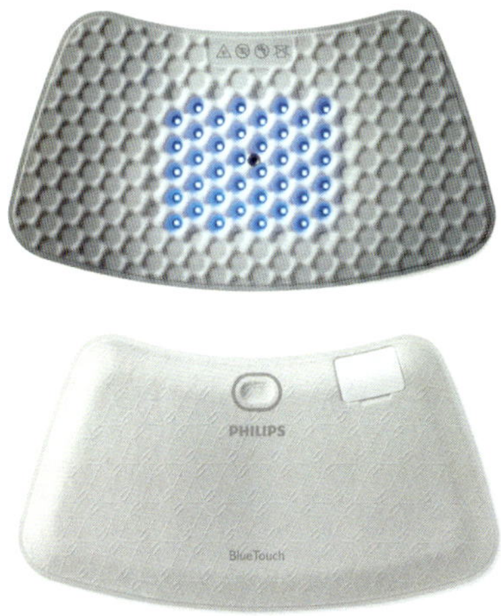

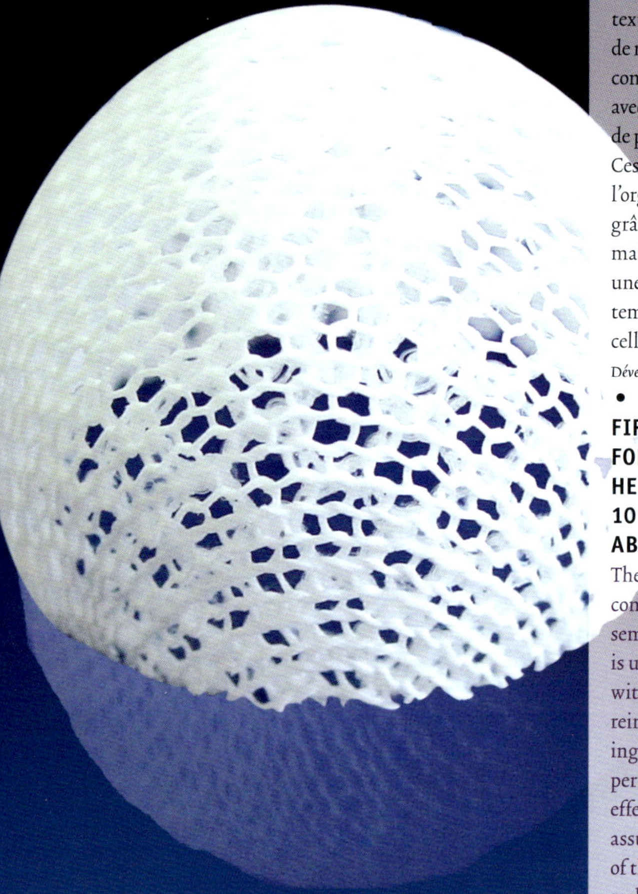

4DDOME®, 2007

•

PREMIER OBTURATEUR BIORÉSORBABLE POUR LE TRAITEMENT DES HERNIES INGUINALES
10% POLYPROPYLÈNE, 90% PLLA RÉSORBABLE

Le dispositif 4DDOME est un implant textile constitué d'un dôme et d'une plaque de renfort semi-résorbable. L'intervention consiste à obturer l'orifice de la hernie avec cette prothèse qui servira de renfort et de protection de la paroi inguinale (aine). Ces prothèses parfaitement tolérées par l'organisme sont d'une grande efficacité grâce à leur composition qui assure le maintien des tissus dans un premier temps, une résorption partielle dans un deuxième temps et enfin une régénération des tissus cellulaires.

Développé par COUSIN BIOTECH

•

FIRST BIOABSORBABLE SHUTTER FOR THE TREATMENT OF INGUINAL HERNIAS
10% POLYPROPYLENE, 90% ABSORBABLE PLLA

The 4DDOME device is a textile implant consisting of a dome and a reinforcing semi-reabsorbable plate. The intervention is used to close the orifice of the hernia with the prosthesis in order to serve as reinforcement and protection of the inguinal wall (groin). These prostheses are perfectly tolerated by the body and are very effective due to their composition which assures, in the first stage, maintenance of the tissue, subsequently, partial reabsorption, and finally, the regeneration of cellular tissue.

Developed by COUSIN BIOTECH

•

www.cousin-biotech.com

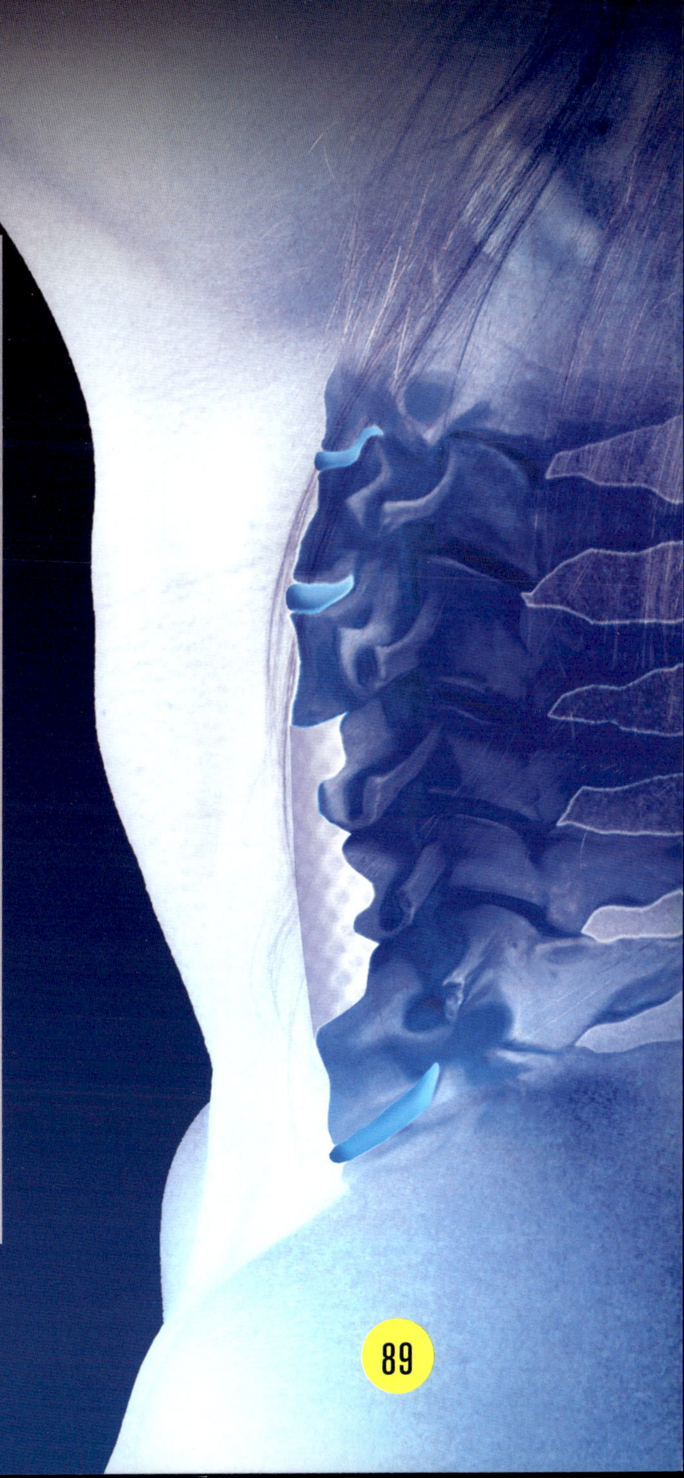

BIOLIG®

•

TRAITEMENT DES MALADIES RACHIDIENNES DÉGÉNÉRATIVES POLYESTER, PLLA (POLY L LACTID ACID)

L'entreprise textile Biotech est devenue depuis 2004 l'une des références dans le domaine de la fabrication de prothèses implantables. L'implant *Biolig®* est principalement utilisé pour le traitement de l'arthrose. Il permet une stabilisation immédiate de la colonne vertébrale et réduit ou élimine même les douleurs vertébrales.

Développé par COUSIN BIOTECH

•

TREATMENT OF DEGENERATIVE SPINAL PATHOLOGIES POLYESTER, PLLA (POLY L LACTID ACID)

Since 2004, the textile company Biotech has become one of the leaders in the field of implantable prostheses. The *Biolig®* implant is mainly used for the treatment of osteoarthritis. It immediately stabilises the spine and reduces or even eliminates back pain.

Developed by COUSIN BIOTECH

•

www.cousin-biotech.com

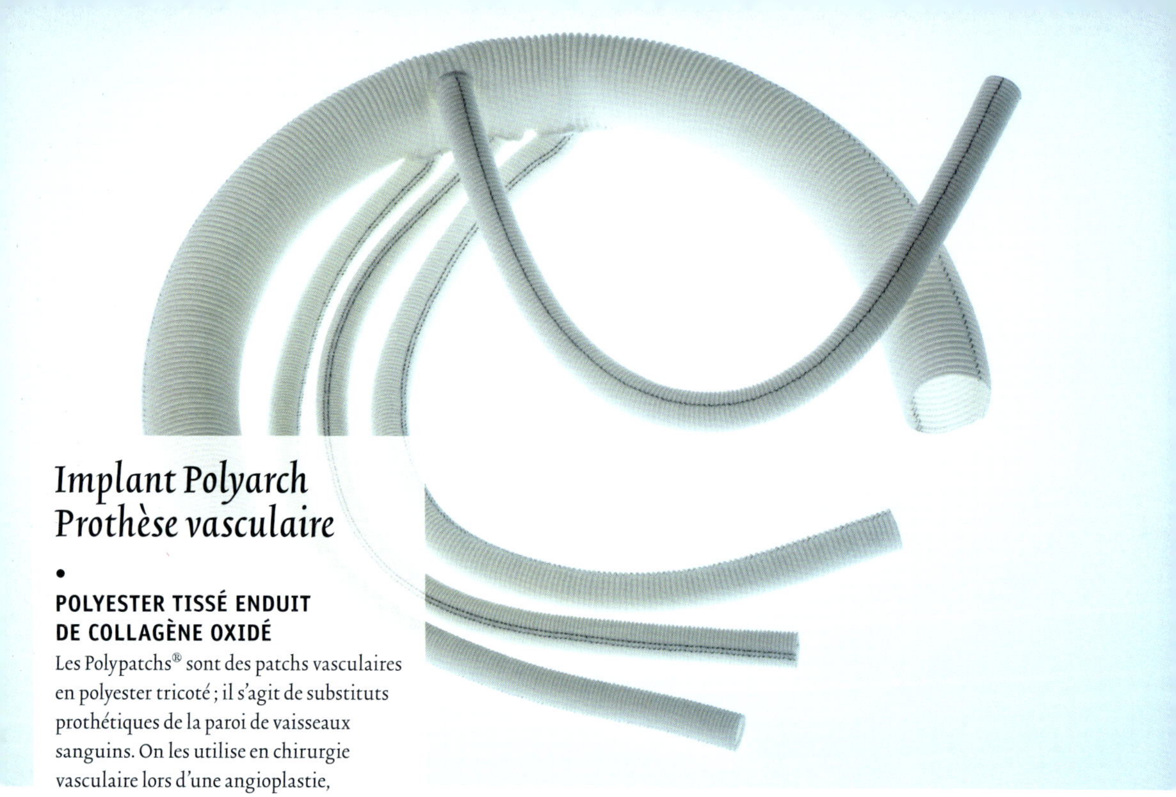

Implant Polyarch Prothèse vasculaire

•

POLYESTER TISSÉ ENDUIT DE COLLAGÈNE OXIDÉ

Les Polypatchs® sont des patchs vasculaires en polyester tricoté ; il s'agit de substituts prothétiques de la paroi de vaisseaux sanguins. On les utilise en chirurgie vasculaire lors d'une angioplastie, notamment pour la fermeture par suture d'une endartériectomie carotidienne (opération chirurgicale qui, lors de l'obstruction d'une artère, permet de retirer la plaque par curetage).

Développé par le Laboratoire Pérouse

•

WOVEN POLYESTER COATED WITH OXIDIZED COLLAGEN

Polypatchs® are vascular patches made out of knitted polyester; they act as prosthetic substitutes for the walls of blood vessels. They are used in vascular surgery during angioplasty, in particular when suturing a carotid endarterectomy (surgical procedure to remove plaque by curettage when an artery is blocked).

Developed by Laboratoire Pérouse

•

www.perousemedical.com

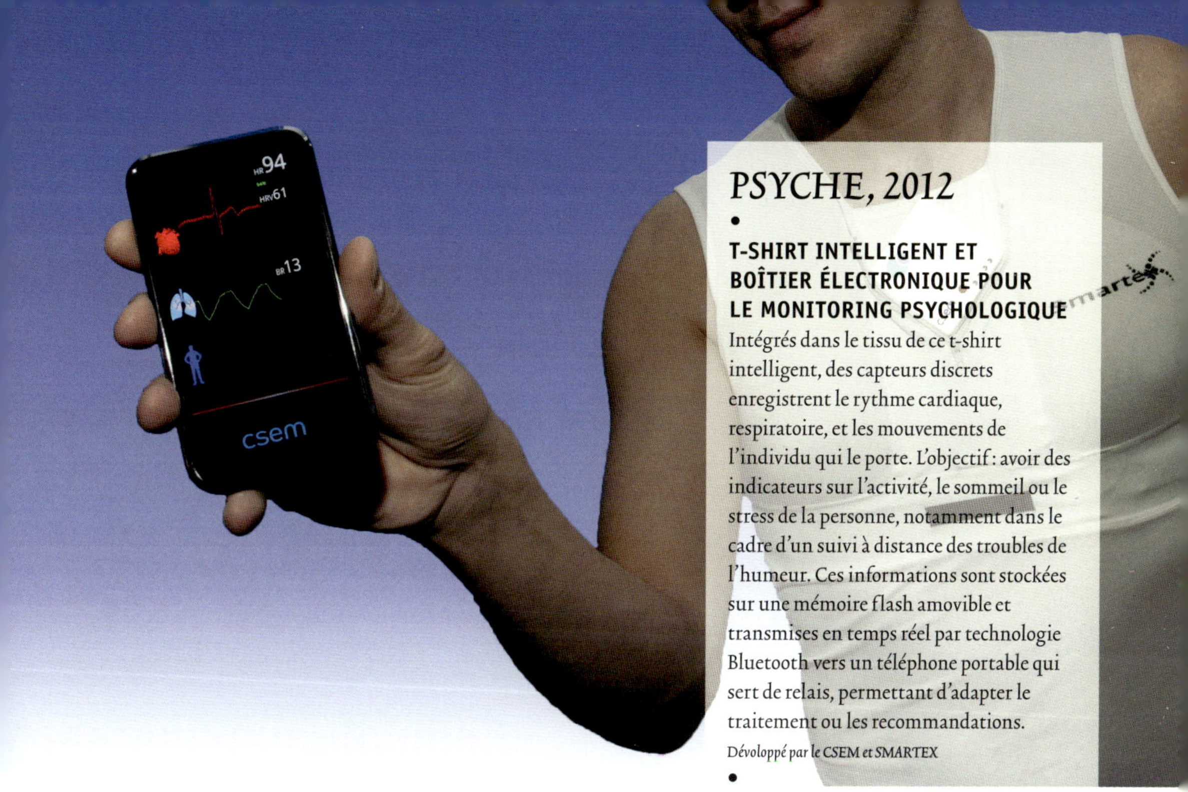

PSYCHE, 2012

•

T-SHIRT INTELLIGENT ET BOÎTIER ÉLECTRONIQUE POUR LE MONITORING PSYCHOLOGIQUE

Intégrés dans le tissu de ce t-shirt intelligent, des capteurs discrets enregistrent le rythme cardiaque, respiratoire, et les mouvements de l'individu qui le porte. L'objectif : avoir des indicateurs sur l'activité, le sommeil ou le stress de la personne, notamment dans le cadre d'un suivi à distance des troubles de l'humeur. Ces informations sont stockées sur une mémoire flash amovible et transmises en temps réel par technologie Bluetooth vers un téléphone portable qui sert de relais, permettant d'adapter le traitement ou les recommandations.

Développé par le CSEM et SMARTEX

•

INTELLIGENT T-SHIRT AND ELECTRONIC CONTROL UNIT FOR MONITORING PSYCHOLOGICAL

Discreet sensors embedded in the fabric from which this intelligent T-shirt is made record the wearer's heart rate, breathing and movements. The goal: to provide feedback on the person's activity, sleep and stress, particularly in the context of the remote monitoring of mood disorders. The information is automatically stored on a removable flash memory card and transmitted in real time by Bluetooth technology to a mobile phone that serves as a relay, making it possible to adapt the treatment or recommendations.

Developed by CSEM and SMARTEX

•

www.csem.ch

www.smartex.it

WELLTEX

Se couvrir d'une bonne couette qui rend le lit douillet, se coucher dans des draps tout propres, se glisser dans une literie de soie pour y faire des câlins, enfiler un vêtement qui sent le frais... Le textile est pour tous, au quotidien, un vecteur de sensations : douces, sensuelles ou dynamisantes. La publicité l'a bien compris et joue régulièrement sur cet imaginaire d'un confort cotonné et moelleux rendu possible par un tissu parfumé, frais ou éclatant.

Aujourd'hui, le textile est plus que jamais l'une des matières de prédilection du bien-être. Parce qu'il est léger, molletonné, matelassé, parce qu'il s'adapte à la manière d'une seconde peau, parce qu'il se transforme en matériau de cocooning ou d'éveil des sens.

Mais aussi parce qu'il accompagne de nombreux gestes de beauté. Par exemple, les non-tissés de type patchs améliorent l'aspect de la peau du visage ; appliqués sur certaines parties du corps, des tissus micro-encapsulés, les cosmétotextiles, libèrent, au contact du corps et grâce à la friction, des huiles aux bénéfices et actions divers : hydratation, nettoyage, parfum, protection de l'épiderme. Le maquillage est lui aussi un lieu d'expression du textile : brosses en nylon et élastomère de plus en plus perfectionnées pour une application de mascara facilitée, sans oublier les incontournables disques en coton servant à se démaquiller.

D'autres éléments textiles bien connus comme les bas de contention évitent les jambes lourdes. D'autres encore ont un effet massant, voire aphrodisiaque – c'est le cas du linge de lit *Skintex Sensual* signé Hacot&Colombier, qui diffuse des essences de gingembre, cannelle ou ylang ylang, pour des nuits envoûtantes...

Il existe enfin des textiles intelligents, en quelque sorte les descendants des premiers prototypes thermolactyls Damart, capables de réguler la température du corps (tissus thermorégulateurs). Finis les « j'ai beaucoup trop chaud » et les « je suis frigorifié »... Ces matériaux suivent nos activités, s'adaptent au quotidien, se mettent au service de nos épuisants changements de rythme, en les adoucissant. Aujourd'hui, on voit se développer, dans la recherche pour le traitement des problèmes dermatologiques, de nouvelles méthodes utilisant la fibre optique. Pourquoi ne pas imaginer que dans quelques années, cette même démarche puisse servir à mettre au point des textiles lumineux destinés à redresser un moral défaillant ? Un masque, une grande capuche pour une séance de luminothérapie à domicile... Du bien-être physique au bien-être psychologique, il n'y a qu'un fil...

●

Caroline David

Entretien / transcription par Natacha Borel

Nuisette MC BICOLORE
Raison d'être, lingerie cosmétique
100% coton peigné avec
microcapsules amincissantes
Raison d'être, cosmetic lingerie
100% combed cotton with
slimming microcapsules
Developed by H.LEMAHIEU S.A.
www.lemahieu.fr

WELLTEX

Covering up with a good thick duvet that makes the bed nice and cosy, sleeping in lovely clean sheets, slipping into silk bedding for cuddles, putting on clothing that smells fresh... Soft, sensual and energizing, textiles convey so many daily sensations to us all. This is something advertisers have understood and they regularly play on this idea in our imagination of a cottony, soft comfort that can be procured by a fragrant, fresh or bright fabric.

Today more than ever, textiles are a favourite material where well-being is concerned. Because they are lightweight, padded and quilted, because they fit like a second skin, because they transform into a material for getting cuddly or for arousing the senses.

But also because they are involved in many beauty gestures. For example, non-woven patches improve the appearance of the skin on the face; applied on certain body parts, micro-encapsulated fabrics, cosmetotextiles, release oils of various benefits and actions through body contact and friction: moisturizing, cleansing, perfume, skin protection. Textiles also express themselves in makeup: increasingly sophisticated nylon and elastomer brushes for an easier application of mascara, not to mention the indispensable cotton discs used to remove makeup.

Other well-known textile items such as compression stockings prevent heavy legs. Others still have a massaging or even aphrodisiac effect – this is the case of ***Skintex Sensual*** bed linen by Hacot & Colombier, which releases essences of ginger, cinnamon or ylang ylang for enchanting nights...

Finally, there are intelligent textiles, in a way the descendants of the original Damart thermals, capable of regulating body temperature (thermoregulatory fabrics). No more "I'm much too hot" and "I'm freezing": these materials follow our activities, adapt to our daily routines, assist with our exhausting changes of rhythm by moderating them. Today, in research on the treatment of skin problems, we can see new, fibre-optic based methods being developed. Why not imagine that in a few years, this same approach could be used to invent luminous textiles for cheering people up? A mask, a large hood for a light therapy session at home. There is only a thread separating physical and psychological well-being...

●

Caroline David
Curator
Interview / transcription by Natacha Borel

Skintex Sensual
Draps aphrodisiaques
textile micro-encapsulé
aphrodisiac Sheets
textile micro-encapsulated
developed by Hacot & Colombier
www.hacotcolombier.com
© Hacot & Colombier / Photo
Philip Bernard

Tenue en néoprène perforé, 2012 Elisabeth de SENNEVILLE

•

NÉOPRÈNE

Depuis ses débuts, Elisabeth de Senneville révolutionne la mode grâce à sa vision futuriste du vêtement. Pour cela, elle met au point des tissus intelligents, crée des collections qui parfument, maquillent ou indiquent le temps qu'il va faire... Son ingéniosité se retrouve dans chacune de ses créations, comme ce short et ce blouson coupés perfecto en néoprène, respirant grâce à une découpe laser. Style et confort sont ainsi tous deux au rendez-vous.

•

NEOPRENE

All through her career, Elisabeth de Senneville has revolutionised fashion thanks to her futuristic vision of clothing. To do this she has developed intelligent fabrics, created collections that perfume you, do your make up or tell you what the weather will be like... Her ingenuity is reiterated in each of her designs, including these perfecto-cut trousers and jackets made out of neoprene that breath thanks to the use of laser cutting. Style and comfort come together.

•

www.elisabethdesenneville.com

Combi-pilote Cold

•

FAUSSE FOURRURE AVEC VIGNETTE DE TEMPÉRATURE «INTELLIGENTE»
EXTÉRIEUR ET OUATINAGE EN 100% POLYESTER, DOUBLURE 100% COTON

Les vignettes intégrées aux vêtements MySenses sont sensibles aux variations thermiques et aux rayons UV. Elles changent de couleur progressivement et informent les parents quand la température du corps de l'enfant augmente, quand les rayons UV sont trop élevés, quand l'eau du bain est trop chaude ou quand il fait trop froid à l'extérieur. C'est notamment le cas pour cette combinaison, qui assure confort aux tout-petits et interpelle les adultes en cas de température extérieure trop basse.

Développé par MySenses

•

FALSE FUR WITH "SMART" TEMPERATURE PATCH
EXTERIOR AND PADDING IN 100% POLYESTER, LINING 100% COTTON

The labels built into MySenses clothing are sensitive to temperature changes and UV rays. They gradually change colour and inform parents when their child's body temperature rises, when UV rays are too high, when the bath water is too hot or when it is too cold outside. This is notably the case of this bodysuit, which keeps toddlers comfortable and alerts adults when the outside temperature is too low.

Developed by MySenses

•

www.mysenses.fr

TENUES D'INTERIEUR ET LINGERIE

•

DENTELLE MICRO-ENCAPSULÉE

L'entreprise Devan, spécialiste des textiles parfumés, s'est associée avec Codentel, pour produire une dentelle micro-encapsulée aux huiles essentielles et une autre, photoluminescente. Les deux partenaires ont invité des étudiants d'ESMOD Paris et Roubaix à réfléchir autour de ce support. Leurs propositions mettent à l'honneur une approche douce et confortable de la lingerie et des tenues d'intérieur : sous-vêtements ultralights aux propriétés zen, body photoluminescent ou encore peignoir-cocooning aux fragrances relaxantes avec technologie Bluetooth intégrée.

Développé par les étudiants d'ESMOD Paris et Roubaix en partenariat avec DEVAN and CODENTEL
Avec le soutien du PRINTEMPS LILLE

•

MICRO-ENCAPSULATED LACE

The Devan company, a specialist in scented textiles, has teamed up with Codentelle to produce a micro-encapsulated lace with essential oils and photoluminescence. Both partners invited students from ESMOD Paris to experiment on this medium. Their propositions emphasise a soft and comfortable approach to lingerie and loungewear: ultralight underwear with Zen properties, a photoluminescent body or a cuddly bathrobe with relaxing fragrance and built-in Bluetooth technology.

Developed by the students of ESMOD Paris andRoubaix in partenership with DEVAN and CODENTEL supported by the PRINTEMPS LILLE

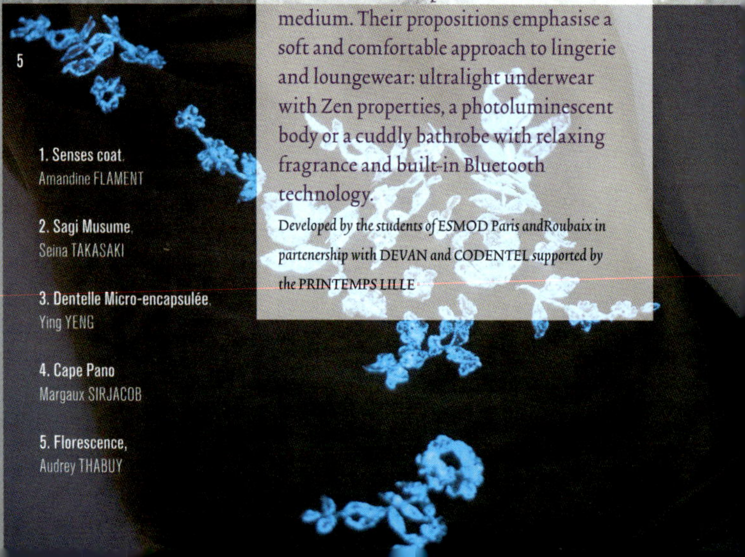

1. Senses coat, Amandine FLAMENT

2. Sagi Musume, Seina TAKASAKI

3. Dentelle Micro-encapsulée, Ying YENG

4. Cape Pano, Margaux SIRJACOB

5. Florescence, Audrey THABUY

Thermolactyl Evolution

•

SOUS-VÊTEMENTS
88% POLYESTER 12% ELASTHANNE

Grâce à une isolation thermique adaptée et une excellente gestion du rayonnement infra-rouge (principale source de perte de chaleur du corps en hiver) le Termolactyl Evolution est un vêtement extrêmement adaptable. La peau reste au sec, la chaleur corporelle est maintenue et l'on évite la sensation d'une chaleur excessive en cas de température ambiante plus clémente. Avoir chaud mais pas trop... Un traitement antibactérien limite par ailleurs le développement des mauvaises odeurs.

Développé par Damart

•

UNDERGARMENTS
88% POLYESTER 12% SPANDEX

Thanks to an adapted thermal insulation and an excellent management of infra-red radiation (principal source of the body's heat loss in winter) the Thermolactyl Evolution is an extremely adaptable garment. This product is made of an inner weave of polyester microfiber loaded with carbon and an outer weave of recycled polyester microfiber and spandex, which provides excellent moisture management. The skin stays dry, body heat is maintained and we avoid the sensation of excessive heat in the case of a warmer room temperature. Stay warm but not too warm... An antibacterial treatment also limits the development of unpleasant odours.

Developed by Damart

•

www.damart.fr

MOBILTEX

Ils sont là, on les croise tous les jours mais sans les voir. « Ils », ce sont les textiles techniques, un marché de niche en constante progression (5 à 7% par an), aux applications multiples et parfois insoupçonnées. Dans les transports, ils jouent un rôle prépondérant, dans un contexte de réduction des coûts, pour garantir la compétitivité de nos entreprises et, bien entendu, de développement durable (réduction du poids, éco-développement). La haute performance mécanique de ces textiles alliée à leur faible densité en font des matériaux d'avenir, notamment pour :

Alléger les structures : les matériaux composites renforcés de textile (verre, carbone ou aramide) sont de plus en plus utilisés comme pièces de structure ou éléments de carrosserie. Leurs avantages : un faible poids par rapport aux matériaux traditionnels, la rigidité, des propriétés anticorrosion, une résistance à la fatigue et à la propagation de fissures... Le carénage du TGV, de nombreuses pièces de la cellule de l'Airbus A380 et les pales d'hélicoptère (avec Eurocopter, filiale d'EADS, comme leader mondial) constituent des exemples marquants de structures de réalisations françaises utilisant des textiles techniques. Par ailleurs, pour la conception d'aérostats (de grande ou de petite taille), destinés à transporter des charges lourdes ou à effectuer des missions de contrôle de la planète, les ingénieurs font de plus en plus appel aux textiles, capables d'excellentes performances en termes de légèreté et de résistance mécanique.

Assurer la propulsion des moyens de transport : les textiles techniques sont désormais indispensables au fonctionnement de nos moyens de transport : les filtres à air, autrefois de type papier, sont remplacés par des filtres non-tissés à la durée de vie supérieure, les moteurs nécessitant une grande quantité de caoutchouc ou d'autres élastomères résistants aux fluides moteurs par leurs renforts textiles. Sans textile technique, comment les divergents de la fusée Ariane pourraient-ils supporter les très hautes températures auxquelles ils sont soumis ?

Décorer et contribuer au confort : dans une société axée sur l'hédonisme, le confort personnel et la différenciation, les textiles techniques constituent de véritables arguments de vente pour les fabricants d'automobiles et les compagnies aériennes. Les objectifs : personnalisation du véhicule (cf. *Gina*, l'étonnant prototype de BMW), amélioration du confort acoustique ou du confort thermo-physiologique des sièges.

Garantir la sécurité attendue par les consommateurs, mais également par les pouvoirs publics ; la sécurité est désormais l'affaire de tous. Les textiles techniques apportent de nombreuses réponses, parmi lesquelles : les ceintures de sécurité, généralement en polyester haute ténacité, tissées sur des métiers étroits ; les airbags, qui, selon les cas doivent se gonfler le plus rapidement possible, puis se dégonfler légèrement ou jouer un rôle de maintien (airbags latéraux, rideaux...) ; les pneus, essentiels à la sécurité. Les tissus en polyester sont utilisés pour les voitures circulant sur des routes en bon état : polyamide pour les avions et les engins devant travailler « hors piste », viscose haute ténacité pour les voitures à grande vitesse ; la sécurité au feu, fondamentale dans les transports, où les normes sont de plus en plus strictes : fibres naturellement ininflammables (généralement des aramides), fibres ignifugées dans la masse lors de la production (polyester et viscose) et traitements d'ignifugation subséquents sur textiles ; les freins, qui font appel à des plaquettes en matériaux composites. En aéronautique, l'étanchéité est assurée par des joints renforcés de textiles de verre ou aramide (polyamides aromatiques) et de nickel.

Enfin, l'adaptation au développement de l'électrique dans les transports constitue actuellement un axe de réflexion majeur pour la recherche et le développement du textile technique ; une fois encore, ce dernier devrait ainsi apporter une réponse adaptée aux enjeux contemporains, en l'occurrence le respect de l'environnement.

●

Jean-Françsoi Bracq
Secrétaire Général de CLUBTEX
Entretien / *transcription par* Natacha Borel

Concept Gina Light Visionnary Model, 2008

•

CONCEPT-CAR

Chris Bangle, le designer de ce Concept car, est revenu à une méthode utilisée aux débuts de l'automobile et de l'aviation : la carrosserie « textile » reposant sur une sous-structure rigide en aluminium, articulée. Le résultat : une voiture transformable, à la ligne simple et souple, légère et presque « organique ». Sa véritable peau s'allonge, la surface se rétracte, se modèle selon les desiderata du pilote et les lois aérodynamiques. Les projecteurs sont également dissimulés sous des paupières mobiles. Ce procédé donne à ce véhicule un aspect vivant, presque organique, très inhabituel dans l'automobile.

Développé par BWM GROUP DESIGN

•

CONCEPT-CAR

Chris Bangle, the designer of this Concept car, has come back to a method used in the early days of the automobile and aviation: a "textile" body placed on a rigid, articulated substructure made of aluminium. The result: an adjustable car with simple, flexible, light and almost "organic" lines. Its skin stretches, the surface retracts and reshapes itself according to the drivers desires and the laws of aerodynamics. The projectors are also hidden under mobile lids.
This technique gives this vehicle a living, almost organic look that is highly unusual in the automobile industry.

Developed by BWM GROUP DESIGN

•

www.bmwgroup.com

Concept Gina Light Visionnary Model, 2008
Concept-car
Developed by BWM GROUP DESIGN
www.bmwgroup.com

MOBILTEX

They are all around you, you pass by them every day without seeing them. "They" are technical textiles, a constantly expanding niche market (5-7% per year), with multiple and sometimes unexpected applications. In transport, they play a leading role in the context of cost reduction, to ensure our businesses remain competitive and of course in sustainable development (weight reduction, eco-development). The high mechanical performance of these textiles combined with their low density make them materials of the future, in particular for the following uses:

Lightening structures: composite materials reinforced with textiles (glass, carbon or aramid) are increasingly used as structural components or vehicle body parts. Their advantages: low weight compared to traditional materials, stiffness, anticorrosion properties and resistance to fatigue crack growth. The fairing of the TGV, many parts of the Airbus A380 airframe and helicopter blades (with the EADS subsidiary, Eurocopter, as a world leader) are strong examples of French-produced structures using technical textiles. Moreover, when designing aerostats (large or small) for carrying heavy loads or for monitoring the planet, engineers are increasingly using textiles as they are capable of excellent performances due to their lightness and strength.

Assisting vehicle propulsion: technical textiles have become essential for vehicles to function properly: air filters, formerly made out of paper, have been replaced with longer-lasting non-woven models; engines requiring a large amount of rubber or other elastomers resist engine fluids thanks to their textile reinforcements. Without technical textiles, how could the divergent nozzles on the Ariane rocket withstand the extremely high temperatures they are exposed to?

Decorating and adding comfort: in a society based on hedonism, personal comfort and differentiation, technical textiles are real selling points for car manufacturers and airlines. Goals: vehicle customisation (see the *Gina*, an amazing BMW prototype), improved acoustic comfort or thermo-physiological seat comfort.

Providing the security expected by consumers but also by the public authorities; security is now everyone's concern. Technical textiles provide many solutions, including: seat belts, generally in high tenacity polyester, woven on tight looms; airbags, which, depending on the case, should inflate as quickly as possible, then deflate slightly or have a supportive function (side airbags, curtains, etc.); tyres, critical for security. Polyester fabrics are used for cars driving on roads in good condition: polyamide for aircraft and off-road vehicles, high tenacity viscose for high speed cars; fire safety, fundamental in vehicles, where standards are increasingly stringent: fibres that are naturally flame resistant (generally aramids), fibres that are mass fireproofed during production (polyester and viscose) and subsequent flame retardant treatments on textiles; the brakes, which use pads made of composite materials. In aeronautics, airtight sealing is ensured by seals reinforced with glass or aramid textiles (aromatic polyamide) and nickel.

Finally, the growth of electric vehicles and the adjustments this implies is currently a major field of research and development in technical textiles; once again, they will be expected to provide a response that is adapted to contemporary concerns, foremost among which is respect for the environment.

●

Jean-Françsoi Bracq
General Secretary of CLUBTEX
Interview / transcription by
Natacha Borel

SCUBE® C1 Flax Edition, 2011

•

TRICYCLE ÉLECTRIQUE NATTEX TWINFLAX – COMPOSITE LIN 128 X 86 X 96 CM

Le lin est considéré comme le leader des fibres écologiques ; ses propriétés techniques permettent d'associer éco-conception, légèreté et haute performance mécanique. Spécialisé dans le traitement de ce matériau, le Groupe DEHONDT propose un véhicule électrique éco-conçu intégrant des pièces en fibres de lin : que ce soit pour les collectivités ou les particuliers, *SCUBE®*, véhicule tri-porté, représente un moyen de transport écologique, recyclable, silencieux et très maniable.

Développé par Flax Technic - Groupe Dehondt

•

NATTEX TWINFLAX – COMPOSITE FLAX

Flax is considered to be the leading ecological fibre: its technical properties allow for the association of eco-design, lightness and high mechanical performance. Specialising in the treatment of this material, the DEHONDT Group proposes an eco-designed electric vehicle incorporating parts made out of flax fibres: whether for municipal authorities or individuals, the three-wheeled *SCUBE®* vehicle represents an ecological means of transport that is recyclable, quiet and highly manoeuvrable.

Developed by Flax Technic - Groupe Dehondt

•

www.scube.fr

www.dehonft-flax.com

AR VAG, 2012
Thibault PENVEN

•

BATEAU PLIABLE
BÂCHE PLASTIQUE PVC THERMOSOUDÉE, PLAQUES DE FIBRE DE VERRE ET DE BOIS
240 X 116 X 40 CM

Le designer Thibault Penven, issu de l'école cantonale de Lausanne, en Suisse, réinvente pour le plus grand plaisir des petits et des grands le bateau de vacances « pliable-gonflable ». Ce modèle original, que l'on peut transporter facilement, se déplie et prend forme grâce à deux arceaux et une planche de bois constituant l'assise.

Développé en partenariat avec ECAL

•

FOLDABLE BOAT
THERMO-WELDED PVC PLASTIC COVER, FIBRE GLASS AND WOOD PLATES

For the greater delight of young and old, the designer Thibault Penven, a graduate of the Ecole Cantonale de Lausanne, Switzerland, has reinvented the "foldable-inflatable" holiday boat. This original model, which can be transported easily, folds out and is assembled by using two fibreglass rods and a wooden board for the seat.

Developed in partnership with ECAL

•

www.ecal.ch

Omer 6, 2006-2007

•

COMPOSITE FIBRES CARBONE, RÉSINE ÉPOXY, ALUMINIUM USINÉ, ACRYLIQUE
325 X 70 X 155 CM

OMER est un sous-marin à propulsion humaine créé pour participer à des compétitions internationales. Construit en 1990, le premier *OMER* est un sous-marin biplace avec un seul pédaleur. Sa coque est composée de fibres de verre avec un cœur en bois de balsa. Quelques années plus tard, *OMER6*, entièrement réalisé quant à lui en fibre de carbone, remporte le record du monde de vitesse dans la catégorie monoplace sans hélice.

Développé en partenariat avec ETS

•

COMPOSITE CARBON FIBRES, EPOXY RESIN, MACHINED ALUMINIUM, ACRYLIC

OMER is a human-powered submarine created to participate in international competitions. Built in 1990, the first *OMER* was a two-seater submarine with room for one person pedalling. The hull is made of fibreglass with a heart of balsa wood. A few years later, OMER*6*, a model made entirely out of carbon fibre, set the world speed record in the one-seater non-propeller category.

Developed in partnership with ETS

•

www.omerets.com

1. Airbus A380 Superjumbo
Maquette d'avion
152 x 143 x 200 cm
Distribué par Top-Modellbau
www.top-modellbau.eu
© /Photo Philip Bernard

2. ESPACE DE CONVIVIALITÉ DE LA CLASSE AFFAIRES À BORD D'UN A380 AIR FRANCE, 2009
AIRBUS INDUSTRIES
www.airbus.com
© AIRBUS INDUSTRIES / Claire-Lise HAVET

1

2

AIRBUS A380
On imagine peu à quel point les fibres sont présentes dans les avions. Ce modèle intègre de nombreux éléments textiles, depuis les gaines de protection des faisceaux électriques aux renforts d'élastomères, en passant par les housses pour moteurs, les systèmes d'isolation acoustique et thermique, les moquettes, sièges, couvertures, couchettes, rideaux ou revêtements de parois...

•

AIRBUS A380
One can imagine how present fibres are in aircraft. This model incorporates many textile components, from the protective sheaths of wiring harnesses to elastomer reinforcements, engine covers, acoustic and thermal insulation systems, carpets, seats, blankets, beds, curtains or wall coverings...

•

www.airbus.com
© AIRBUS INDUSTRIES / *Claire-Lise HAVET*

AU FIL DE L'ESPACE

La présence de l'homme dans l'univers spatial ne tient parfois qu'à un fil. Dans l'espace, l'homme doit s'équiper d'un scaphandre en Betacloth, un tissu de fibre de verre recouvert de Teflon, lors des sorties extravéhiculaires afin de se protéger des impacts de micrométéorites. Sur Terre, dans les zones de lancement, le scaphandre ergolier, constitué de Nomex, assure au technicien une protection chimique étanche vis-à-vis des émanations d'ergols ou d'hydrazine, produits très volatils.
Ballons, satellites, fusées, aucun véhicule ne s'aventure dans l'espace sans utiliser à des degrés divers du textile. Le ballon qui est le seul « véhicule spatial » capable de faire des mesures in situ dans l'atmosphère est fabriqué à partir d'un film multicouche de polyester et polyamide (ou Nylon) à l'usine Rémy-RKW dans le nord du pays, puis assemblé chez Zodiac dans le sud de la France.

Les satellites, quant à eux, sont protégés par des MLI, véritables couvertures thermiques. Le MLI est un isolant thermique de 5 à 20 couches constitué d'un assemblage de feuilles de diverses natures, dont le Mylar aluminisé à deux faces, séparées de tulles de polyester, au nom évocateur de "voile de mariée" ou de tissu de fibre de verre dont le rôle est d'éviter les contacts thermiques par conduction entre feuilles.

Enfin, les fibres textiles, carbone ou kevlar, protègent les éléments propulsifs ainsi que la structure de certaines parties du lanceur Ariane (moteur, tuyères, réservoirs). Par ailleurs, les parties flexibles de l'étage d'accélération à poudre ainsi que celles de l'étage principal cryogénique sont équipées de protections thermiques souples à base de tissus céramiques (nextel, silice) et fibres isolantes réfractaires (céramiques, silice..).

Compagnon symbolique de l'homme, le textile se retrouve dans les drapeaux et les badges des missions spatiales et parfois même se fait complice d'œuvres créées sur Terre sous l'influence de l'espace : des tenues de cosmonautes de Yinka Shonibare en Wax aux œuvres textiles de Regina Mazumdar ou Norman Sherfield.

Soudain, imaginaire et technique coïncident d'un fil, celui sur lequel s'accroche l'ascenseur spatial, un projet futuriste qui ambitionne de relier la Terre à la station spatiale par un câble et sur lequel circulent, pour un temps encore, nos rêves.

●

Gérard Azoulay
Responsable de l'observatoire de l'espace du CNES

Réservoir de stockage de xénon à haute pression, Programme Stentor, 2002

•

68 x 40 cm

Le xénon est un gaz utilisé pour la propulsion électrique qui permet de positionner sur leur orbite les satellites de télécommunications comme Stentor. Le gaz était stocké dans un réservoir sous une pression de 150 bar et à une température allant de -20°C à +50°C, cette résistance élevée étant assurée par un bobinage carbone disposé autour du réservoir de 68 litres.

Développé par ASTRIUM SPACE TRANSPORTATION

En partenariat avec l'Observatoire de l'Espace Centre National d'Etudes Spatiales

•

Xenon is a gas used for electric propulsion when positioning communication satellites such as the Stentor in their orbit. The gas was stored in a tank under a 150 bar pressure and at a temperature ranging from -20 ° C to +50 ° C, this high resistance being provided by a carbon coil wound around the 68-litre tank.

Developed by ASTRIUM SPACE TRANSPORTATION

In partnership with l'Observatoire de l'Espace Centre National d'Etudes Spatiales

•

www.astrium.eads.net

www.cnes-observatoire.fr

THREADING THROUGH SPACE

Man's presence in space sometimes hangs from a single thread. During spacewalks, astronauts must wear a spacesuit made out of Beta cloth, a fibreglass fabric coated with Teflon, to protect themselves from the impact of micrometeoroids. On Earth, in the launch zone, the fuel man's suit, made out of Nomex, provides an airtight chemical protection against hydrazine or propellant fumes, both of which are highly volatile products.

Whether balloons, satellites or rockets, no vehicle ventures into space without using textiles in one way or another. The balloon, which is the only "space vehicle" capable of doing in situ measurements in the atmosphere, is made out of a multilayer film of polyester and polyamide (or nylon) at the Rémy-RKW plant in the north of France, then assembled at the Zodiac plant in the south of France.

As for the satellites, they are protected by MLI, a veritable thermal blanket. MLI is a thermal insulator composed of 5 to 20 layered sheets of various kinds, including double-sided aluminised Mylar. These sheets are separated by polyester scrims evocatively referred to as "bridal veils", or by a fibre glass fabric whose role is to prevent thermal contact between the sheets through conduction.

Finally, textile fibres, carbon or kevlar protect the propulsion components as well as the structure of certain parts of the Ariane launcher (engine, nozzles, tanks). Furthermore, the flexible parts of the solid rocket boosters as well as those of the cryogenic main stage are equipped with flexible thermal protection based on ceramic fabrics (Nextel, silica) and refractory insulating fibres (ceramic, silica, etc.).

As a symbolic companion to man, textiles are found in the flags and badges of space missions and sometimes even appear in works created on Earth that draw inspiration from space, from Yinka Shonibare's astronauts' suits in Wax to the textile artworks of Regina Mazumdar or Norman Sherfield.

Suddenly, imagination and technology intertwine around the idea of a space elevator, a futuristic project that aims to connect the Earth to the space station via a cable, keeping our dreams alive for a while still.

●

Gérard Azoulay

Responsible of the space observatory CNES

Spectromètre infrarouge ISM, Sondes Phobos, 1988

•

24 X 24 X 17 CM

En 1988, le spectromètre ISM, placé à bord de la sonde soviétique Phobos, a permis de cartographier et de déterminer la composition minéralogique de la surface de Mars et de son satellite Phobos. Comme la plupart des instruments spatiaux, le spectromètre ISM est enrobé de tissus techniques qui le protègent contre les conditions extrêmes (température, rayonnement, ...) qu'il est susceptible de rencontrer tout au long de la mission.

En partenariat avec l'Observatoire de l'Espace

Centre National d'Etudes Spatiales

•

24 X 24 X 17 CM

In 1988, the ISM spectrometer placed on board the Soviet probe Phobos mapped and analysed the mineralogical composition of the surface of Mars and its satellite Phobos. Like most space instruments, the ISM spectrometer was coated in technical fabrics that protected it against extreme conditions (temperature, radiation, etc.) it was likely to encounter throughout the mission.

In partnership with l'Observatoire de l'Espace

Centre National d'Etudes Spatiales

•

www.ias.u-psud.fr

www.cnes-observatoire.fr

MARTIN
LUTHER

Space Walk, 2002 Yinka SHONIBARE, MBE

•

**SÉRIGRAPHIE SUR COTON, FIBRE DE VERRE, CONTREPLAQUÉ, VINYLE, PLASTIQUE
212 X 63 X 56 CM
(CHAQUE ASTRONAUTE)
370 X 153 CM (VAISSEAU)**

Dans son œuvre *Space Walk*, le plasticien Yinka Shonibare montre de quelle manière la figure de l'extraterrestre est associée à la peur que représente l'étranger et interroge cette crainte irrationnelle ; qui est donc l'étranger lorsqu'on quitte la terre ? L'installation met en scène des cosmonautes portant des costumes de wax, un tissu spécialement fabriqué aux Pays-Bas pour confectionner les tenues traditionnelles des femmes africaines.

•

SCREEN PRINT ON COTTON, FIBRE GLASS, PLYWOOD, VINYL, PLASTIC

In his work *Space Walk*, the artist Yinka Shonibare shows how the figure of the extraterrestrial is associated with the fear of the alien and questions this irration al fear: who is the alien when we leave earth? The installation depicts astronauts wearing wax costumes, a fabric specially manufactured in the Netherlands and used to make the traditional garments of African women.

•

Installation view at Art 34 Basel, 2003

Satellite Stentor, 2002

•

MAQUETTE AU 1/10

Le satellite Stentor (Satellite de Télécommunications pour Expériences de Nouvelles Technologies en Orbite) était un satellite français expérimental destiné à faire la démonstration en orbite de nouvelles technologies de télécommunications. Comme de nombreux satellites, il est protégé par différentes couches de MLI (système d'isolation) afin d'assurer sa protection thermique.

En partenariat avec l'Observatoire de l'Espace
Centre National d'Etudes Spatiales

•

MODEL ON SCALE OF 1/10

The Stentor satellite (Telecommunications Satellite for Experiments in New Technologies in Orbit) was a French experimental satellite designed to demonstrate new telecommunications technologies in orbit. Like many satellites, it was covered in MLI layers (insulation system) to ensure thermal protection.

In partnership with l'Observatoire de l'Espace
Centre National d'Etudes Spatiales

•

www.cnes-observatoire.fr

Tenue d'ergolier, 2012

•

70 X 90 X 190 CM

Dans les bâtiments d'assemblage du lanceur Ariane, le scaphandre ergolier assure au technicien une protection chimique étanche vis-à-vis des émanations d'ergols ou d'hydrazine, produits très volatils. Chez Matisec, la partie combinaison est constituée de Nomex (fibre aramide) enduit sur ses deux faces de Butyl antistatique ignifugé, lui-même surfacé d'Hypalon (élastomère), antistatique ignifugé. Le casque, les gants et les bottes sont constitués d'autres combinaisons de textiles.

Développé par MATISEC

En partenariat avec l'Observatoire de l'Espace

Centre National d'Etudes Spatiales

•

70 X 90 X 190 CM

In the assembly buildings of the Ariane launcher, the ergolier suit provides the technician with airtight protection against chemical fumes or hydrazine propellant, highly volatile products. At MATISEC, the suit part is made of Nomex (aramid fibre) coated on both sides with Butyl fireproof antistatic, itself coated with Hypalon (elastomer), also a fireproof antistatic. The helmet, gloves and boots are made of other textile combinations.

Developed by MATISEC

In partnership with l'Observatoire de l'Espace

Centre National d'Etudes Spatiales

•

www.matisec.fr

www.cnes-observatoire.fr

Vue d'artiste d'un projet d'ascenseur spatial

•

VIDÉO

L'ascenseur spatial est un mode de transport entre la surface de la Terre et une infrastructure spatiale en orbite géostationnaire autour de la Terre.
Il est basé sur le principe d'un câble, réalisé avec des nanotubes de carbone, maintenu tendu par la force centrifuge due à la rotation de la Terre sur elle-même et sur lequel des nacelles circuleraient.
Cette idée prometteuse demeure pour l'instant du domaine de l'utopie.

Développé par la NASA
En partenariat avec l'Observatoire de l'Espace du CNES (L'agence spatiale française)

•

VIDEO

The space elevator is a mode of transport between the surface of the Earth and an infrastructure in space, floating in geostationary orbit around the Earth.
It is based on the principle of a cable, made out of carbon nanotubes, kept in tension by the centrifugal force generated by the rotation of the Earth, and upon which climbers go up and down. For the time being, this promising idea remains a utopia.

Developed by NASA
In partnership with l'Observatoire de l'Espace du CNES(French space agency)

•

www.nasa.gov
www.cnes-observatoire.fr

HOMETEX

Dans l'histoire de la conception des produits nouveaux, les développements des produits révolutionnaires dans les matériaux et la technologie ont toujours fortement inspiré les créations innovantes. Aujourd'hui encore, le monde du design destiné à l'habitat fait preuve d'un remarquable dynamisme. Cela se traduit par son expérimentation de nouveaux textiles grâce à la combinaison des principes du monde textile avec les nouvelles connaissances scientifiques. Sans être des chercheurs chevronnés, les créateurs prennent le temps d'expérimenter à volonté – *designing by making* – que ce soit seuls ou en collaborant avec d'autres. Dotés d'une grande ouverture d'esprit et allant à l'encontre des idées reçues, ils réalisent des réinterprétations d'objets classiques qui transgressent les frontières. Du fil de basalte sera par exemple transformé en un tissu avec un motif de dentelle et deviendra, en combinaison avec de la résine écologique, un matériau composite pour mobilier, dans ce cas la technologie va de pair avec une réflexion innovatrice, de l'artisanat et de la poésie. Le basalte est un matériau qui n'est pas évident et certainement pas neutre, évoquant des associations avec une 'origine mythique volcanique'. Autre exemple surprenant : des techniques traditionnelles de broderie sont utilisées pour coudre des structures alvéolaires en 2D qui seront transformées par après en objets 3D. Ce ne sont pas seulement les nouvelles formes de textile qui challengent les designers, mais également le processus visant à transformer un tissu plat en objet 3D.

Souvent le textile innovateur pour l'habitat cherche à repenser le meuble traditionnel muni d'un tissu. Grâce à sa structure de grille, le plaid volumineux se transforme en un tour de main en un siège flexible. Le Chesterfield – véritable icône du fauteuil lourd – devient un poids léger plein d'air, une parfaite illustration de ce que représente *l'air design*. L'éclairage LED incorporé fait illuminer un canapé volumineux comme un firmament immatériel plein d'étoiles. Le même type d'éclairage LED ou des cellules photovoltaïques, des fibres optiques et pigments photoluminescents peuvent aussi être incorporés dans des rideaux ou des lampes. Ceci permet de créer une ambiance particulière comme si l'eau reflétait la lune.

Il est même possible de jouer avec les nuages par le biais d'une installation interactive faisant appel à de la réalité augmentée cela sans que la technologie permettant d'essayer de diminuer la distance entre le monde réel et le monde virtuel soit trop visible. La haute technologie ne se démarque pas outre mesure. Les nouvelles approches se focalisent surtout sur des applications actuelles et créent des expériences inhabituelles mais humaines, qui se veulent surtout intimes, poétiques et surprenantes. D'autres concepts deviennent des sculptures jouant avec des archétypes ou qui deviennent même de véritables installations à une échelle résolument architecturale.

L'emploi innovateur de textiles peut aussi répondre à des besoins très simples. Une housse d'édredon équipée de manches permet de garder les épaules bien chaudes pendant la lecture nocturne. L'assise tricotée de façon artisanale du fauteuil en bois naturel s'inscrit parfaitement dans l'habitat familier de son utilisateur. La conception du produit devient alors écologique par un souci éthique.

En maniant les matériaux textiles de façon intelligente ou en repensant des évidences, les créations aboutissent à une réussite esthetique et conceptuelle. Les produits jouent avec l'individualité, l'appropriation, la tradition, l'imagination, l'humour, la surprise, l'ironie. L'espace de vie familial peut à son tour être un lieu où les ustensiles provoquent, dérangent ce qui est familier et s'adressent personnellement à l'habitant. Il existe un intérêt évident pour concilier technologie et fonctionnalité, avec une approche de la conception qui se sert du matériel pour créer des 'transformations' tournées vers l'avenir, mais sans emballage futuriste. En plus de la durabilité écologique dans l'usage de matériaux, de la méthode de production ainsi que de la durée de vie du produit, l'attention est portée sur une durabilité émotionnelle.

●

Lut Pil
Professeur Arts Plastiques
Sint-Lucas, Gand

Couettabra, 2011
Nathalie MAUGER et Claire GUENEAU

•

HOUSSE DE COUETTE EN PERCALE DE COTON, ENVELOPPE EN COTON ET OUATE FIBRE CREUSE SILICONÉE TRAITEMENT ANTI-ACARIEN 140 X 200 CM

Pour celles et ceux qui rêvent de lire ou de faire des mots croisés bien au chaud, sans avoir besoin d'enfiler un pull ou d'augmenter la température du radiateur, cette drôle de couette à manches longues, en coton, est l'alliée idéale. Un véritable outil de cocooning, simple, astucieux … et drôle.

Développé par PEG

•

COTTON PERCALE COVER, COTTON COVER SILICONED HOLLOW FIBER WADDING AND ANTIMITE TREATMENT

For everyone who dreams of reading or doing crossword puzzles staying nice and cosy without needing to put on a sweater or turn up the radiator, this funny long-sleeved cotton quilt is an ideal ally. A simple, clever and amusing device for creating your own cocoon.

Developed by Peg

•

www.couettabra.com

www.peg.fr

HOMETEX

In the history of product design, the development of revolutionary materials and technology has always strongly inspired innovative creations. This is still the case today, with the world of home design remarkably dynamic, as evidenced by its experimentation with new textiles that combine the principles of textile manufacture with new scientific knowledge. While not scientific researchers, designers are taking the time to freely experiment – designing by making – whether alone or in collaborations. Keeping an open mind and going against received wisdom, they are producing reinterpretations of classic objects that transgress conventions. For example, basalt yarn is turned into a fabric with a lace pattern and, when combined with an ecological resin, becomes a composite material for furniture. In this case, technology goes hand in hand with innovative thinking, craftsmanship and poetry. Basalt is not an easy material and certainly not a neutral one, evoking associations with a mythical volcanic origin. Another surprising example: traditional embroidery techniques are used to sew 2D honeycomb structures that are then turned into 3D objects. It is not only the new textile forms that challenge designers, but also the process of transforming a flat fabric into a 3D object.

Often, innovative textiles for the home seek to rethink traditional furniture with a fabric component. Thanks to its grid structure, a large plaid is turned into a flexible seat in a matter of seconds. The Chesterfield – a genuine icon of the heavy armchair – becomes a lightweight seat filled with air, a perfect illustration of air design. Built-in LEDs light up a large sofa like so many stars twinkling in an immaterial firmament. The same type of LED lighting or solar cells, optical fibres and photoluminescent pigments can also be incorporated into curtains or lamps. It can be used to create a particular atmosphere, as if the moon was being reflected by water.

It is even possible to play with the clouds through an interactive installation that uses augmented reality, yet the technology used to reduce the distance between the real world and the virtual world remains discreet. It is not all about high technology. New approaches are focusing primarily on current applications and creating unusual but human experiences that in the main seek to be intimate, poetic and surprising. Other concepts become sculptures playing with archetypes or even genuine installations on a decidedly architectural scale.

The innovative use of textiles can also respond to simple needs. A duvet cover fitted with sleeves lets you keep your shoulders warm when reading at night. A hand-knitted seat on a natural wood chair fits perfectly into the user's familiar habitat. In this way, product design becomes ecological through its ethical concerns.

By using textile materials intelligently or by rethinking what we take for granted, designers are succeeding aesthetically and conceptually. Products play with individuality, appropriation, tradition, imagination, humour, surprise and irony. The space of family life can in turn be a place where utensils provoke and unsettle the familiar and are designed personally for the inhabitant. There is an obvious benefit in reconciling technology and functionality, with an approach to design that uses material to create 'transformations' oriented towards the future but without futuristic packaging. In addition to environmental sustainability in the use of materials, the production method and the product lifecycle, the focus is on emotional durability.

●

Lut Pil
Professor of Fine Arts
Ghent

Mat #912 (#series). The Seating Area, 2011 Daniil TANYGIN

•

PLAID ET OREILLER
TYVEK®, MOUSSE DE POLYURÉTHANE, NON-TISSÉ
150 X 220CM (PLAID)

En polyuréthane et Tyvek®, un textile non-tissé surtout utilisé pour l'emballage des objets précieux, les pièces de literie nomades de Daniil Tanygin comportent de fins segments alvéolés qui permettent de plier ou de rouler ce plaid au gré des envies. Très légers, ces éléments en nid d'abeille sont aisément transportables et assurent un confort douillet en toute circonstance.

•

BLANKET AND PILLOW
TYVEK®, POLYURETHANE FOAM, NONWOVEN

Made out of polyurethane and Tyvek®, a nonwoven fabric used principally for wrapping valuable objects, Daniil Tanygin's mobile bed clothes include fine honeycomb segments that make it possible to fold or roll this, blankets as one wishes. These extremely light pieces are easy to transport and provide cosy comfort at all times.

•

www.daniiltanygin.com

Granny Moon, Etoiles filantes tricotées par pleine lune, 2012 WA.DE.BE

•

CHAISE
HÊTRE MASSIF, CORDE POLYPROPYLÈNE, NACRE ET PAILLETTES MERCK. TULLE DENTELLE
39 X 55,5 X 75,7 CM

Les designers de WA.DE.BE proposent des produits réalisés de manière artisanale et intergénérationnelle. Confectionnées avec l'aide de « mamie boomers », les *Granny chairs* sont en bois naturel, sur lequel est tricotée, grâce à des techniques telles que le crochet, une maille résistante. Petite dernière de cette série à succès, en organza, *Granny Moon* a été imaginée spécialement pour Futurotextiles 3. Pour s'envoler vers un imaginaire céleste…

•

CHAIR
BEECH, POLYPROPYLENE ROPE, PEARL SEQUINS AND MERCK. TULLE LACE

The designers of WA.DE.BE propose traditionally crafted, intergenerational products. With the help of "granny boomers", they make *Granny chairs* out of natural wood, over which a heavy-duty mesh is woven using techniques such as crochet. The latest item in this successful series, *Granny Moon* was commissioned specially for Futurotextiles 3. It invites us to embark on a celestial journey.

•

www.wadebe.com

Baladeuse - Lumière nomade, 2011
Claire ROUSSEL

•

LAMPE
LEDS, FILS CONDUCTEURS, TRANSFORMATEUR 3V, SILICONE, BOIS. TISSAGE ARTISANAL, SOIE POLYESTHÈRE
80 X 80 X 40 CM

Proposé dans le cadre des Futurotextiles Awards, le projet de Claire Roussel est un luminaire nomade que chacun s'approprie, module et oriente selon ses besoins. Des Leds sont incorporées au tissu, qui devient à la fois structure et support. Alimentée par une batterie lithium, cette baladeuse s'allume quand on la touche, pour une lumière littéralement « à portée de main ».

Développé en partenariat avec ENSCI

•

LAMP
LEDS, SON DRIVERS 3V TRANSFORMER, SILICONE, WOOD. HANDICRAFT WEAVING, POLYESTER SILK

The project proposed by Claire Roussel in the context of the Futurotextiles Awards, revolves around a portable light fixture that users appropriate, modulate and orient as needed. Leds are built into the fabric, which acts both as structure and stand. Powered by a lithium battery, this portable lamp that can be handled in complete safety, turns on when touched to provide a light that is literally "at hand".

Developed in partnership with ENSCI

•

www.ensci.com

Eight-part fugue (Rideau Lumière), 2011
DESIGN PERCEPT (Clémentine CHAMBON, Françoise MAMERT)

•

TISSAGE FIBRES OPTIQUES ET DÉGRADÉ DE SOIE
110 X 400 CM

Ce voilage source de lumière est un tissage éclairant de soie et fibres optiques alimenté par cinq Leds. Entre dégradés chromatiques et emboitements de transparences, il produit un effet changeant comme un reflet d'eau.

Développé par BROCHIER TECHNOLOGIES

•

OPTIC FIBRE WEAVE AND SHADED SILK

This light-diffusing curtain is made from a weave of silk and fibre optics powered by five LEDs. Between chromatic shades and nested transparencies, it produces a shimmering effect like reflected water.

Developed by BROCHIER TECHNOLOGIES

•

www.designpercept.com

www.brochiertechnologies.com

Via Lattea, 2007
Mario BELLINI

•

CHAISE LONGUE ET POUF

La ligne des sièges lumineux Via Lattea a été conçue par Mario Bellini. Le designer a mis l'accent sur la légèreté et le recyclage. La couverture des sièges est issue des sacs de transport (graines, sucre, pierres...) tandis que des transports de faible puissance, placées à l'intérieur des pièces, diffuse une lumière douce.

Edité par MERITALIA

•

LOUNGE CHAIR AND POUFFE

Designed by Mario Bellini the Via Lattea furniture line looks like a collection of homemade marshmallows. Light as air, these chairs and couches are made from steel mesh combined with recycled fiber sacks formerly used to transport grain, stones, and sugar. . Low wattage lights are placed inside the pieces to emit a glowing light.

Edited by MERITALIA

•

www.bellini.it

www.meritalia.it

BASIC CHAIR, 2012
Raimonds CIRULIS

•

CHAISE
FIBRE DE BASALTE

Raimonds Cirulis est l'un des rares designers à travailler à partir du composite basalte (fil et matériau minéral extraits de la roche volcanique). Ce large fauteuil en est constitué. Il offre une assise confortable propice à la détente en extérieur, que ce soit à la terrasse d'un café ou dans un patio. La finesse des figures entrelacées, mêlée à la solidité du matériau, lui confère une forte identité.

Edité par MAFFAM FREEFORM
Développé par BASALTEX

•

CHAIR
BASALT FIBER

Raimonds Cirulis is one of the few designers to work from basalt composite (fibre and mineral material extracted from volcanic rock). It was used to make this chair which provides a comfortable seat for relaxing outdoors, whether on a cafe terrace or a patio. The delicacy of the intertwined figures, combined with the strength of the material, gives it a strong identity.

Edited by MAFFAM FREEFORM
Developed by BASALTEX

•

www.basaltex.com

NETwork, 2010
Studio AISSLINGER

•

POUFFES

Fabriqués sur le mode « pop-up » à partir d'un dessin en deux dimensions traduit en 3D par informatique, ces sièges sont ensuite moulés sur une armature en fibre de verre et imprégnés de résine ce qui leur assure toute leur solidité. Léger, transparent, ce mobilier original s'inscrit dans l'héritage d'une réflexion pluridimensionnelle initiée par de grandes personnalités du design des années soixante.

Textile développé par KVADRAT

En partenariat avec GERBER

•

POUFS

Designed in a "pop-up" style from a two-dimensional drawing transposed into 3D by computer, these chairs are then moulded on a fibreglass frame and impregnated with resin to strengthen them. Lightweight and transparent, this original furniture range places itself in the tradition of the multidimensional research initiated by the great personalities of design from the sixties.

Textile developed by KVADRAT

In partnership with GERBER

•

www.aisslinger.de

www.kvadrat.dk

www.gerber-gmbh.de

Omoi, 2012
Naoko SERINO

•

« SOFT SCULPURE » EN JUTE
20 X 20 X 20 CM

Noako Serino utilise la fibre de jute pour réaliser des œuvres d'art appelées « Soft Sculptures » questionnant le rapport entre le matériel et l'immatériel, l'air et le solide, l'intérieur et l'extérieur. Un cube aux faces marquées de fines spirales laisse apparaître une sphère qui semble en lévitation.
La légèreté de cet objet au caractère cosmique, réalisé à partir de fibres non-tissées à l'aspect fort et solide, intrigue le regard et défie les lois de la pesanteur.

•

«SOFT SCULPTURE» IN JUTE

Noako Serino uses jute fibre to produce artworks called "Soft Sculptures" that question the relationship between the material and the immaterial, air and solid, interior and exterior. A cube with sides marked by fine spirals reveals a sphere that seems to be levitating. The lightness of this cosmic-like object, made from strong- and solid-looking nonwoven fibres, intrigues the viewer and defies the laws of gravity.

•

www.serino.jp

Lampe photoluminescente, 2012, TAND'M

•

ACIER, DENTELLE DE CALAIS, FIL PHOTOLUMINESCENT
50 X 145 CM

Conciliant préservation du savoir-faire et innovation, les entreprises Codentel (l'un des derniers spécialistes français à fabriquer de la Dentelle de Calais sur métiers Leavers à Calais), Les Tissages de la Lys (une référence en tissage jacquard tapisserie) et TAND'M (bureau de style dédié au textile et à l'accessoire) se sont réunis le temps de la création d'une lampe avec galons de dentelle, qui, une fois éteinte, continue à briller dans la nuit telle un arbuste à lucioles.

Développé par CODENTEL *et* LES TISSAGES DE LA LYS

•

STEEL, CALAIS LACE, PHOTOLUMINESCENT THREAD

Balancing the preservation of know-how and innovation, the Codentel companies (one of the last remaining French specialists in the manufacture of Calais lace on Leavers looms in Calais), Les Tissages de la Lys (a leader in Jacquard tapestry weaving) and TAND'M (trend forecasting agency specialised in textiles and accessories) came together to create a lamp with lace braids, which, after being turned off, continues to shine in the night like fireflies in a shrub.

Developed by CODENTEL *and* LES TISSAGES DE LA LYS

•

www.tandm-crea.fr
www.codentel.com / www.jules-pansu.com

Belly Love, 2010
Florence JAFFRAIN

•

MOUSSE, FOURRURE SYNTHÉTIQUE PHOTOLUMINESCENTE
90 X 170 X 170 CM

Véritable objet décoratif, poétique et sensoriel, Belly Love est un siège composé d'une mousse souple en textile sensoriel créé par l'ENSAIT à Roubaix avec des matériaux photoluminescents (pour des couleurs changeantes) et des microcapsules intégrées dans la fibre (qui diffusent des huiles essentielles). Cet objet sensuel, véritable écrin pour le corps, est directement inspiré du « Sarcophyton elegans », un corail mou de l'océan indien. Pour un confort paradisiaque...

Développé par JULES PANSU, IDEM CONCEIL
et LES TSSAGES DE LA LYS
En partenariat avec l'ENSAIT

•

FOAM, SYNTHETIC PHOTOLUMINESCENT FUR

Truly a decorative, poetic and sensory object, Belly Love is a sofa made of a soft foam sensory fabric created by ENSAIT in Roubaix using photoluminescent materials (for changing colours) with microcapsules embedded in the fibres (which release essential oils). This sensual object, designed to encapsulate the body, is directly inspired by the "Sarcophyton elegans", a soft coral found in the Indian Ocean. For a heavenly comfort...

Developed by JULES PANSU, IDEM CONSEIL
and LES TSSAGES DE LA LYS
In partenership with ENSAIT

•

www.florencejaffrain.com / www.ensait.fr / www.jules-pansu.com

Hokkaido
Hiroyuki MURASE

•

SUSPENSION
100 % POLYESTER - TECHNIQUE KIKAIGUMO SHIBORI
70 X 25 CM

Hiroyuki Murase a développé la série des Suzusan Luminaires. Les housses sur mesure, les « Suzusan Coats », donnent une toute nouvelle dimension aux luminaires grâce à un travail manuel raffiné. Chacun de ces objets est une pièce unique, et répond à des demandes spécifiques.

Développé par SUZUSAN

•

SUSPENSION
100% POLYESTER - TECHNICAL KIKAIGUMO SHIBORI

Hiroyuki Murase developed the lighting series Suzusan Luminaires. The tailor-made «Suzusan Coats» give the luminaires an entirely new dimension. Thanks to exquisite craftsmanship. Each of these luminaires is a unique piece and responds to specific requests.

Developed by SUZUSAN

•

www.suzusan-shibori.com

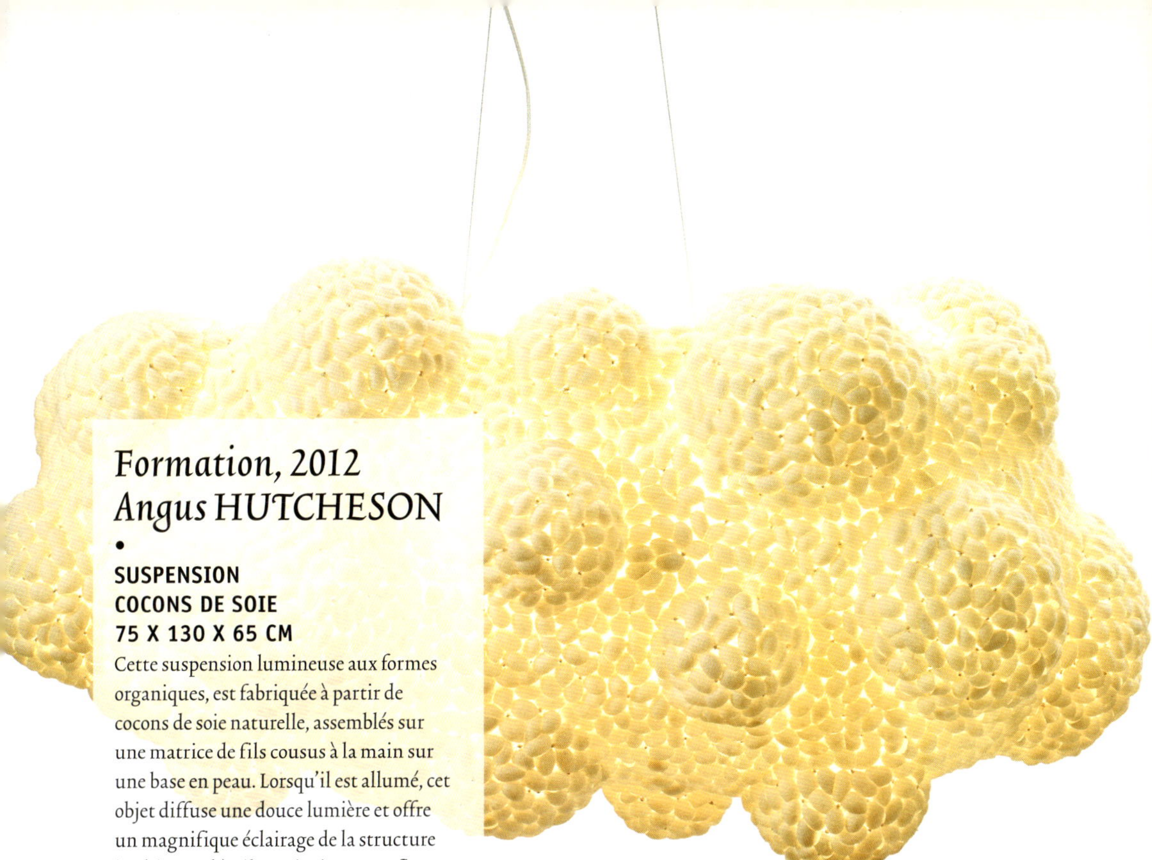

Formation, 2012
Angus HUTCHESON

•

SUSPENSION
COCONS DE SOIE
75 X 130 X 65 CM

Cette suspension lumineuse aux formes organiques, est fabriquée à partir de cocons de soie naturelle, assemblés sur une matrice de fils cousus à la main sur une base en peau. Lorsqu'il est allumé, cet objet diffuse une douce lumière et offre un magnifique éclairage de la structure intérieure, dévoilant ainsi toute sa finesse.

Développé par ANGO

Distribué par NEWEBA

•

SUSPENSION
SILK COCOONS

This ceiling light with organic forms is made from natural silk cocoons assembled on a matrix of hand-sewn thread on a base of skin. When lit, this object emits a soft light and offers a magnificent illumination of its inner structure, revealing it in all its finesse.

Developed by ANGO

Distributed by NEWEBA

•

www.angoworld.com

www.neweba.ch

Perle de pluie, 2008 Tzuri GUETA et Tony JOUANNEAU

•

LUMINAIRE
FIBRE TEXTILE (SOIE), SILICONE CRISTAL, LEDS
80 X 50 X 150 CM

Dans son incursion dans l'univers de la lumière, *Perle de pluie* est le premier lustre créé par Tzuri Gueta. Il y a adapté son célèbre procédé de dentelle siliconée. Telle une cascade translucide, les gouttes perlent par centaines et certaines s'illuminent d'un poétique halo bleuté.

•

LUMINAIRE
TEXTILE FIBRE (SILK), SILICONE CRYSTAL, LEDS

Making a foray into the world of lighting, Tzuri Gueta has created his first chandelier, *Rain Pearl*. In this piece, he has adapted his famous silicone lace process. Like a translucent waterfall, hundreds and hundreds of pearl drops light up in a poetic blue-tinted halo.

•

www.tzurigueta.com

Sonumbra, 2008 LOOP.PH (Rachel WINGFIELD & Mathias GMACHL)

•

INSTALLATION ÉPHÉMÈRE FIBRES OPTIQUES

Cet arbre est composé de fibres électroluminescentes qui libèrent la nuit l'énergie du soleil, captée la journée par des cellules photovoltaïques intégrées à la structure. Les rythmes lumineux et sonores de Sonumbra suivent, par un système de captation de mouvement, les déplacements ou non des passants. Conçue comme un élément fonctionnel et convivial dans l'espace urbain, l'installation autonome mêle poésie et responsabilité.

•

EPHEMERAL INSTALLATION OPTIC FIBRES

Conceived as a functional means of encouraging socialization in an urban context, this tree is composed of electro-luminescent fibres which light up at night they free the solar energy they have captured during the day using integrat photovoltaic cells. The rhythm of the lights and the sounds generated by tree underlines the presence or movement of any passersby and is enabled by a system of movement sensors. The structure thus combines poetry with a sense of environmental awareness.

•

www.loop.ph

Mobileshadows et Livingstones Stéphanie MARIN

•

MOBILE EN LIN, SOIE ET MISSING THREAD KVADRAT
SIÈGES ET COUSSINS GALETS, 100% LAINE VIERGE

Des ombres qui se balancent, en lin ou en soie, calmes comme des nuages dans le ciel, doucement agitées par le vent, les *Mobileshadows* sont à suspendre librement dans l'encadrement d'une fenêtre ou en séparation d'espace. Une proposition de voiles, pour filtrer la lumière. Tandis que ces galets surdimensionnés, les *Livingstones*, en pure laine sont conçus dans le respect de l'environnement et garnis en fibres polysiliconées.

•

MOBILE IN FLAX, SILK AND MISSING THREAD KVADRAT
SEATS AND PEBBLE CUSHIONS, 100% VIRGIN WOOL

Swaying shadows of linen or silk, calm as the clouds in the sky, stirred gently by the wind, the *Mobileshadows* are to be hung freely in a window frame or used as a room divider. A proposition for sails, to filter the light. As for these oversized pebbles made of pure virgin wool, the *Livingstones*, they are designed with respect for the environment and stuffed with polysilicon fibres.

•

www.smarin.net

Lampe plissée, 2002
Inga SEMPE

•

TISSU POLYAMIDE,
STRUCTURE MÉTALLIQUE
190 X 100 CM

Inga Sempé utilise la technique du plissé pour sa lampe. C'est le moyen rêvé pour elle de structurer le tissu polyamide, fixé sur une structure métallique légère et de lui donner de la rigidité et une articulation, tout en créant un subtil jeu d'ombre et de lumière.

Editée par Cappellini

•

POLYAMIDE FABRIC, WIRE STRUCTURE

Inga Sempé uses the technique of pleating for her lamp. It provides her with the ideal way of structuring the polyamide fabric, which she places over a light metal structure, and obtaining stiffness and articulation, all the while creating a subtle play of shadow and light.

Manufactured by Cappellini

•

www.ingasempe.fr

www.cappellini.it

Mountain Curtain, 2012
Mette RAMSGAARD THOMSEN

•

INSTALLATION IN SITU

Mountain Curtain est une réflexion ludique sur le rideau. Grâce à un système de ventouses industrielles faciles à changer et à déplacer, ce rideau de soie s'accroche à la vitre et dessine un nouvel horizon.

Développé en partenariat avec CITA

•

INSTALLATION IN SITU

Mountain Curtain is a playful reflection on the curtain. Through a system of industrial suction pads that are easily changed and moved around, this silk curtain clings to glass panes to draw a new horizon.

Developed in partnership with CITA

•

www.cita.karch.dk

RGB. Color est e pluribus unus, 2010
CARNOVSKY (Francesco RUGI et Silvia QUINTANILLA)

•

EXPOSITION À LA DIREKORENHAUS, BERLIN.

Conçue par les designer milanais Francesco Rugi et Silvia Quintanilla, l'installation RGB comporte des surfaces changeantes qui interagissent avec des stimuli chromatiques. Trois images distinctes, chacune d'une couleur primaire différente sont superposées. Il en résulte un monde inattendu où le mélange des lignes et des formes entrelacées devient onirique. Expérimentale, l'oevre réalisée pour Futurotextiles donne à voir, imprimé sur toile tendue, un bestiaire aquatique et fantasmagorique.Les artistes revisitant librement le thème antique de la métamorphose, de l'incessante transformation.

En partenariat avec NEWMAT

•

EXHIBITION AT DIREKORENHAUS, BERLIN.

Designed by the Milanese designers Francesco Rugi and Silvia Quintanilla, the installation RGB comprise mutating surfaces that interact with chromatic stimuli. Three separate images, each in a different primary colour, are superimposed. This results in an unexpected world where the mix of lines and the intertwined forms take on a dreamlike quality. Experimental, the installation created for Futurotextiles lets see, printed on streched canvas, an aquatic and fantastical bestiary. The artists revisit the ancient theme of metamorphosis concieved of as a constant transformation.

In partenership with NEWMAT

•

www.newmat.com

MOA BASKETS
LES M
AZ&MUT

•

Ecologique, le cupcake est un pot pour plantes en composite lin & PLA (amidon de maïs), matériau 100% végétal, léger et biodégradable.
Egalement en composite lin, cette fois coloré, les vide-poches créés par Les M revisitent les rituels de la vie de tous les jours. Deux jolies manières de donner de la visibilité au lin, en prouvant la résistance de cette fibre de nouveau très à la mode.
Les designers Eva Marguerre et Marcel Besau ont conçu une série de corbeilles composées de fils élastiques imbibés de résine, puis séchés sur un moule pour obtenir la forme voulue. Le résultat : une collection surprenante d'une légèreté incroyable.

•

The environmentally-friendly cupcake is a plant pot made out of a flax & PLA (corn starch) composite, a 100% plant-based material that is light and biodegradable.
Also made of a flax composite, but coloured this time, the tidy tray created by Les M revisits the rituals of everyday life. Two lovely ways of putting flax in the spotlight, proving the strength of this fibre that is very much back in fashion.
The designers Eva Marguerre and Marcel Besau have designed a series of baskets made of an elastic yarn that is dipped in resin and then dried on a mould to produce the desired shape. The result is an amazing collection of incredible lightness.

BRIEG, 2012
Les M Design Studio (Céline MERHAND et Anaïs MOREL)
Matériau biocomposite biodégradable: «sandwich» de liège, fibre de lin et PLA
www.lesm-designstudio.com
© Les M Design Studio / Photo Blinky

Moa baskets, 2010
Eva MARGUERRE et Marcel BESAU
Lycra et résine
www.besau-marguerre.de
© STUDIO BESAU-MARGUERRE

Cupcake
az&mut (Rafaële DAVID et Géraldine HETZEL)
lin & PLA (amidon de maïs), matériau franco-belge 100% végétal
www.az-et-mut.fr
© az&mut / Photo Morgane Le Gall

AirMaster®

•

MOQUETTE

Conçue dans le cadre d'une approche sociale et écologique de l'industrie textile, la gamme de moquettes AirMaster a été imaginée pour préserver la qualité de l'air à l'intérieur des habitations. Le tissu dans lequel elles sont fabriquées est capable de retenir jusqu'à huit fois plus de particules de fine poussière que des sols durs et quatre fois plus que les autres moquettes. Pour une atmosphère saine, qui évite de nombreux problèmes de santé, tels que les allergies.

Développé par DESSO

•

CARPET

Approaching textile manufacturing from a social and ecological perspective, the AirMaster range of carpets has been designed to preserve the quality of air inside the home. The fabric from which they are made is capable of holding up to eight times more fine dust than hard floors and four times more than standard carpets.
It thus provides a cleaner atmosphere and prevents many health problems such as allergies.

Developped by DESSO

•

www.desso.com

BUILDTEX

Depuis la nuit des temps, l'étoffe tissée est utilisée pour la construction d'abris de tout type : les petits (tipis), les adaptables (toile), les transportables (chapiteaux de cirque), les grandes tentures (velum sur le Colisée de Rome), les simples pare-soleil (parasols) ou encore les constructions thermiquement isolées (yourtes). Plusieurs architectes (Frei Otto, Bodo Rash, Hans Walter Muller...) et ingénieurs (Horst Berger, Jörg Schlaich...) ont depuis le milieu du 20e siècle accordé au textile technique une vraie place en tant que matériau de construction à part entière, au même titre que les matériaux de référence tels que la pierre, l'acier, le béton et le verre.

Cette tendance n'en finit pas de se confirmer : aujourd'hui, le textile continue d'entrer dans l'architecture par la plus grande - et prestigieuse - porte, celle de constructions d'exception, courbes admirables telles que la toiture en fibre de verre et Teflon du très récent Centre-Pompidou Metz conçu par Shigeru Ban et Jean de Gastines... Mais aussi et de plus en plus par la petite porte, celle des contraintes et exigences imposées par la modernité. En effet, si l'une des plus-values du textile technique est son moindre poids, ce n'est pas la seule : il peut également s'avérer, selon les cas, particulièrement résistant, écologique, économique, souple, isolant...

A cet égard, le cas du lin est significatif : l'une des plus anciennes fibres du monde, il fait un retour en force et en faste, tout simplement parce qu'il répond idéalement aux besoins actuels. Naturel, écologique, anti-bactérien, imputrescible, recyclable.... La maquette de chambre d'hôtel conçue par Sitbon Architectes en est une parfaite illustration : on le retrouve là en plaques semi-rigides sur les murs, en rouleaux au sol, ou encore pour la literie.

En terme de nouveau confort, les textiles techniques composent un art de vivre toujours plus perfectionné : ce sont les stores en tissu Sunworker de Dickson, fin du fin, indéformable, filtre thermique... Et opaque de l'extérieur pour préserver l'intimité... Ou encore le parpaing de Litracon en fibres optiques et béton conducteur de lumière....

Autre propriété très prisée : la robustesse, argument évidemment de poids s'agissant de bâtiments et constructions .... En fibres de verre et de carbone, l'éolienne flottante de *Vertiwind*, offre une excellente résistance aux grands vents. Performante également, la fibre de basalte, proche de la fibre de carbone mais moins chère et plus endurante encore, n'entretient ni ne propage la flamme. D'où son développement au sein de nombreux produits, comme les poutrelles de Basaltex résistant à une température supérieure à 600°.

D'une manière générale, les textiles techniques bénéficient donc d'une solide, et justifiée réputation... Une chose semble du coup acquise : l'habitat de demain ne devrait pas manquer d'étoffe.

●

Sonia Rachline
Journaliste-rédactrice

BUILDTEX

Since time immemorial, woven fabric has been used to build shelters of all types: small ones (tepees), adaptable ones (canvas), transportable ones (circus tents), sizeable covers (the velum on the Coliseum in Rome), simple sunshades (parasols) or thermally isolated structures (yurts). Since the mid-20th century, several architects (including Frei Otto, Hans Walter Muller and Bodo Rash) and engineers (including Horst Berge and Jörg Schlaich) have elevated technical textiles to a building material in its own right, on an equal standing with standard materials such as stone, steel, concrete and glass.

This trend has become more and more pronounced: today, textiles continue to enter architecture through the main – and most prestigious – door, that of exceptional buildings, as in the admirable curves of the fibre glass and Teflon roof of the very recently built Centre Pompidou-Metz designed by Shigeru Ban and Jean de Gastines. But it is also, and increasingly, entering through the back door, as a result of the constraints and requirements imposed by modernity. Indeed, while the lightness of technical textiles is one of their added values, it's not the only one: depending on the textile, it can also be particularly resistant, ecological, economical, flexible, insulating and so on.

In this respect, the case of linen is significant. One of the oldest fibres in the world, it is making a spectacular comeback, simply because it perfectly suits current needs: it's natural, ecological, antibacterial, rot-proof and recyclable. The hotel room model designed by Sitbon Architects illustrates this perfectly: it uses linen in semi-rigid plates on the walls, in rolls on the floor, or for bedding.

In terms of new comfort, technical textiles typify an increasingly sophisticated lifestyle as evidenced by the superfine Sunworker fabric blinds by Dickson that retain their shape, filter heat and remain opaque on the outside so as to maintain privacy, or even the optic fibre and concrete breeze block by Byzance Design that channels light...

Other highly prized property: robustness, obviously a weighty argument where building and construction are concerned. The floating wind turbine *Vertiwind* made out of fibreglass and carbon offers excellent resistance to high winds. The similarly high-performing basalt fibre, close to carbon fibre but cheaper and even more durable, neither sustains nor spreads flame. Hence its development in many products such as Basaltex beams capable of withstanding temperatures higher than 600°.

In general, technical textiles benefit from a solid reputation, and justifiably so. One thing seems clearly established: the home of the future won't be lacking in substance.

●

Sonia Rachline
Journaliste-rédactrice

LITRACON™

PARPAING DE BÉTON TRANSLUCIDE 96% BÉTON ET 4% FIBRE OPTIQUE DE VERRE

Combinant fibres optiques et béton, ce parpaing à la structure fine et incroyablement homogène, y compris en surface, constitue un excellent matériau de construction. Les murs qui en sont composés conduisent et filtrent la lumière, pour un éclairage naturel et décoratif. A poser selon ses goûts, pour personnaliser son habitat : en façade, ou bien pour diviser élégamment une pièce tout en conservant partout la clarté.

Distribué par BYZANCE DESIGN

TRANSLUCENT BREEZE BLOCK 96% CONCRETE AND 4% GLASS FIBRES

Combining optical fibres and concrete, this breeze block is finely structured and incredibly homogeneous, including for its surface, making for an excellent building material. Walls constructed with this block channel and filter light to provide a natural and decorative lighting. Can be arranged according to taste, for a personalised habitat: on a facade or to divide a room elegantly while retaining all-round brightness.

Distributed by BYZANCE DESIGN

www.litracon.hu
www.byzance-exterior.fr

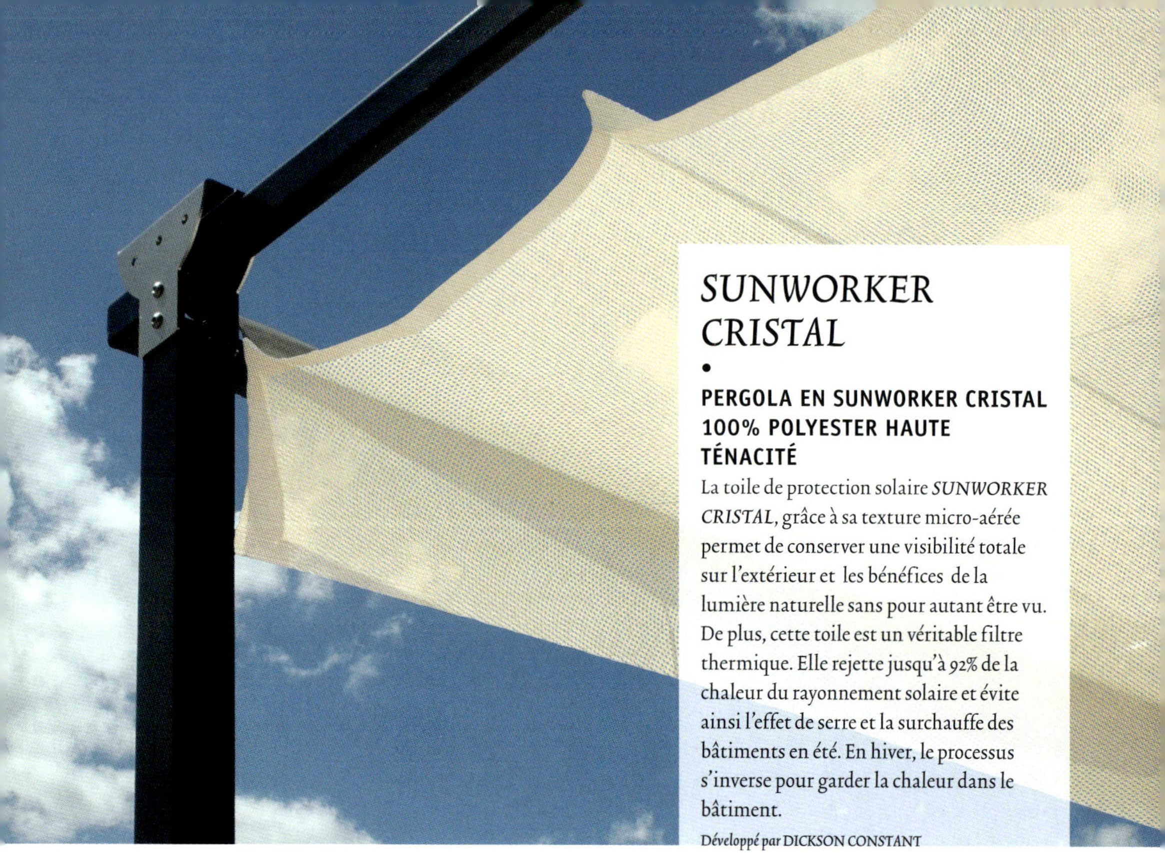

SUNWORKER CRISTAL

•

PERGOLA EN SUNWORKER CRISTAL 100% POLYESTER HAUTE TÉNACITÉ

La toile de protection solaire *SUNWORKER CRISTAL*, grâce à sa texture micro-aérée permet de conserver une visibilité totale sur l'extérieur et les bénéfices de la lumière naturelle sans pour autant être vu. De plus, cette toile est un véritable filtre thermique. Elle rejette jusqu'à 92% de la chaleur du rayonnement solaire et évite ainsi l'effet de serre et la surchauffe des bâtiments en été. En hiver, le processus s'inverse pour garder la chaleur dans le bâtiment.

Développé par DICKSON CONSTANT

•

PERGOLA SUNWORKER CRYSTAL 100% HIGH TENACITY POLYESTER

Thanks to its perforated micro-texture, the *SUNWORKER CRISTAL* solar-protective fabric maintains full visibility to the outside and the benefits of natural light yet external screens views. In addition, this canvas acts a genuine thermal filter. It repels up to 92% of the heat from solar radiation and thus prevents greenhouse effects and the overheating of buildings in the summer. In winter, the process is reversed to preserve building

Developed by DICKSON CONSTANT

•

www.dickson-constant.com

Maquette L1, 2012
SITBON ARCHITECTES

•

MAQUETTE AU 1/15ÈME

Utilisé depuis des siècles, le lin est une matière noble qui connaît actuellement une renaissance grâce au développement durable. Idéale pour l'éveil des sens et de la conscience écologique, L1 est une chambre d'hôtel en bois et lin qui remet à l'honneur les propriétés de ce textile à la fois performant, inusable et recyclable. Les architectes l'exploitent ici sous différentes formes : plaques semi-rigides (aux murs), rouleaux (au sol) et literie. Le lin dans toute sa puissance.

•

Flax, a noble material which has been in use for centuries, is currently enjoying a renaissance thanks to sustainable development. Ideal for stimulating the senses and ecological awareness, L1 is a hotel room made of wood and flax that highlights the properties of this fabric which is at the same time efficient, hard-wearing and recyclable. Here the architects use it in various forms: semi-rigid plates (on the walls), rolls (on the ground) and bedding. A demonstration of the power of flax.

•

www.sitbonarchitectes.com

Eco Construction

•

LIN ET CHANVRE

Excellent exemple d'une fibre traditionnelle remise au goût du jour, le lin est utilisé dans la fabrication de composites servant entre autres à la réalisation de textiles « outdoor » (pour l'extérieur). Il est notamment très apprécié pour ses qualités écologiques : il s'agit en effet d'une fibre saine, peu abrasive, qui ne provoque pas d'irritation cutanée lors des manipulations, et entièrement biodégradable.

Développé par la CELC

•

FLAX AND HEMP

An excellent example of a traditional fibre that has come back into fashion, flax is used in the manufacture of composites that are found, among other applications, in "outdoor" textiles. It is particularly appreciated for its environmental qualities: it happens to be a healthy, non-abrasive fibre that does not cause skin irritation when handled, and is fully biodegradable.

Developed by CELC

•

www.mastersoflinen.com

Archilace, 2011
LOOP.PH
(Rachel WINGFIELD & Mathias GMACHL)

•

ARCHITECTURE ÉPHÉMÈRE
EXPOSITION
FUTUROTEXTILES, 2011
MUSÉE MARITIME DE BARCELONE
FIBRES OPTIQUES

Les recherches du studio Loop.pH portent sur les bioénergies et les nouvelles technologies, pour des applications dans les champs croisés du design, de la science et de l'art contemporain. Les installations issues de ce travail transdisciplinaire sont notamment exposées au MoMa à New York ou au musée V&A à Londres. Les Archilaces consistent en des architectures urbaines et participatives conçues grâces à des fibres composites.

•

EPHEMERAL ARCHITECTURE
FUTUROTEXTILES
EXHIBITION, 2011
BARCELONA MARITIME MUSEUM
OPTIC FIBRES

The research of the Loop.pH studio focuses on bioenergies and new technologies for applications where design, science and contemporary art meet. The installations resulting from this cross-disciplinary work have notably been exhibited at MoMa in New York or the V & A Museum in London. The Archilaces consist of urban and participatory architectures designed through composites fibre.

•

www.loop.ph / ©LooP.ph

DYNALIGHT®

•

CÂBLE SYNTHÉTIQUE DE MANUTENTION UTILISÉ POUR LE VELUM DU COLISÉE ROMAIN AU PUY DU FOU

En 2011, le Grand Parc du Puy du Fou a offert à ses visiteurs un spectacle stupéfiant : une immense toile rouge de près de 5000 m² se déploie et se replie au-dessus du Stadium Gallo-Romain en une minute. C'est le velum, une prouesse technique conçue par les architectes romains et perdue depuis 1500 ans. Elle a de nouveau été expérimentée grâce à l'utilisation du câble textile *Dynalight®*, dont la légèreté et la souplesse facilitent le déroulement de la toile pour obtenir un toit d'une tension mesurée.

Développé par COUSIN-TRESTEC

•

SYNTHETIC ROPE USED TO OPERATE VELARIUM AT PUY DU FOU ROMAN COLOSSEUM

In 2011, the Grand Parc du Puy du Fou offered its visitors a stunning spectacle: a huge red canvas of almost 5000 m² opened and retracted over the Gallo-Roman Stadium in one minute. This is the velarium, a technical feat designed by Roman architects and unseen for 1500 years. The feat was once again made possible by using the *Dynalight®* textile cable, whose lightness and flexibility facilitate the opening out of the canvas to obtain a roof of an even tension.

Developed by COUSIN-TRESTEC

•

www.cousin-trestec.com

Vertiwind, 2011

•

EOLIENNE FLOTTANTE VERTIWIND FIBRE DE VERRE ET FIBRE DE CARBONE

Vertiwind est une éolienne flottante à axe vertical, adaptée aux profondeurs marines supérieures à trente mètres, fréquentes près des côtes françaises. En fibres de verre et de carbone, simple et robuste, elle offre des possibilités d'inclinaison plus importantes qu'une éolienne classique, ainsi qu'une excellente résistance aux grands vents, ce qui permet une meilleure production d'énergie.

Développé par NENUPHAR

•

FLOATING WIND TURBINE FIBERGLASS AND CARBON FIBER

Vertiwind is a floating wind turbine with a vertical axis, suitable for marine depths of over thirty meters, as frequently found near the French coast. Made out of fibreglass and carbon, this simple and robust turbine boasts a greater ability to tilt than conventional models as well as an excellent resistance to strong winds, resulting in better energy production.

Developed by NENUPHAR

•

www.nenuphar-wind.com

DYNALIGHT®

•

CÂBLE SYNTHÉTIQUE PHOTOLUMINESCENT POUR TREUIL DE DAMEUSE

Un partenariat étroit entre deux entreprises a permis de concevoir ce câble orange vif, réalisé avec un fil photoluminescent. Particulièrement performant et durable, le câble synthétique *Dynalight*® est utilisé pour le remorquage ou le treuillage dans les environnements difficiles comme la marine et les travaux forestiers ou la haute montagne. Sa légèreté a par ailleurs permis de réduire considérablement la consommation de carburant des engins de damage.

Développé par COUSIN-TRESTEC

•

SYNTHETIC PHOTOLUMINESCENT CABLE FOR SNOW GROOMER WINCH

A partnership between two companies has given rise to this bright orange cable made of a photoluminescent thread. Particularly efficient and durable, the *Dynalight*® synthetic cable is used for towing or winching in tough environments such as at sea, in forestry work or in alpine conditions. Thanks to its lightness, the snow groomers' fuel consumption has also been significantly reduced.

•

www.cousin-trestec.com

Lotus Dome, 2012
Daan ROOSEGAARDE

•

ŒUVRE INTERACTIVE
FEUILLES INTELLIGENTES

Le *Lotus Dome* est une architecture organique et interactive réalisée en matériau textile intelligent; la technologie semble ici disparaître au profit d'une fluidité de mouvement à l'apparence naturelle. Chaque motif de la structure est composé de plusieurs feuilles en textile intelligente (« smart foils »), ultra légères qui réagissent de manière autonome sans impulsion électrique. Le mouvement est déclenché par un changement de température (souffle, source lumineuse etc.). La composition exacte des « smart foils » demeure mystérieuse. Il s'agit a priori de polymères, de nanotechnologies sur carbone et mylar.

Commande de lille3000

•

INTERACTIVE ARTWORK
SMART FOILS

The *Lotus Dome* is an organic construction made of a smart textile material in which technology disappears completely to allow for a fluid, natural-looking movement. Each motif in the structure is composed of several ultralight "smart foils" that react autonomously and without any electrical impulse. The movement is triggered by a change in temperature (breath, light source, etc.). The composition of the smart foils is somewhat mysterious. They would seem to be made of polymers, nanotechnology on carbon and mylar.

Commissioned by lille3000

•

www.studioroosegaarde.net

GEOTEX

C'est un jardin d'intérieur, carré d'art et de nature, petit chef d'œuvre de technicité : le tapis végétal de l'artiste Pia Wüstenberg installé sur un support non tissé aiguilleté est sans doute la plus poétique des illustrations de ce qu'est un géotextile, soit ces barrière, couche, filtre, drain, socle, trame (au choix)...fibres synthétiques (polypropylène principalement) ou naturelles (jute, coco...) grâce auxquelles on peut construire, développer, consolider notre monde.

Invisible souvent et pourtant indispensable à quasiment tout paysage humain, la très grande majorité des ouvrages de génie civil nécessite un géotextile d'une manière ou d'une autre.

Protéger les géo-membranes contre d'éventuels éléments pointus présents dans le sous-sol. Renforcer des sols peu porteurs sous les routes, voies ferrées, pistes d'aviation, ou dans les zones à risque d'effondrement pour cause, par exemple, d'anciennes carrières. Eriger des talus pour limiter l'emprise au sol de nouvelles constructions. Faire rempart contre la pollution ou l'enfouissement des déchets. Filtrer l'eau à proximité des côtes ou des berges de rivières. Protéger contre toute sorte d'érosion. Isoler des plantations....

Aujourd'hui, les ingénieurs en travaux publics disposent d'une gamme de plus en plus vaste de produits (tissés ou non) dotés de propriétés ultra spécifiques et précises.

Bonar met au point des matelas ondulés en fibres et béton, parfaitement adaptés aux berges puisqu'ils filtrent l'eau et cassent les vagues tout en préservant le paysage ; ou encore de résistants réservoirs de sable géosynthétiques, en fibres non-tissées pour lutter efficacement contre l'érosion. Colas développe des non-tissées capables de ralentir l'apparition des fissures ou encore des produits totalement étanches conçus pour traiter les problèmes d'environnement et d'hydraulique. (barrages, bassins, confinement des déchets...). On pourrait également citer Subrenat, Beaulieu, Tencate, Texinov, Afitex, Contechma ...Toutes ces sociétés travaillent à développer les géotextiles d'aujourd'hui, et surtout du futur avec, de plus en plus fréquemment, pour cahier des charges, le respect de l'environnement et la dimension écologique. Innovante à cet égard, la toile *Duracover* commercialisée par Bonar depuis 2010, est, de fait, la première toile de paillage bio, le polypropylène synthétique utilisé habituellement y étant remplacé par un matériau à base de matières premières renouvelables, en l'occurrence du maïs.

Continuer de maîtriser la nature, oui, mais pour en profiter au mieux et surtout au plus durable : voilà, ici aussi, comme dans nombre de domaines, l'enjeu pour demain.

●

Sonia Rachline

Journaliste-rédactrice

GEOTEX

It's an indoor garden, a square of art and nature, a minor masterpiece of technical sophistication: the plant rug created on a nonwoven, needle-punched base by the artist Pia Wüstenberg is probably the most poetic illustration of what a geotextile is. It can be barrier, layer, filter, drain, base or frame, using synthetic (mainly polypropylene) or natural fibres (jute, coconut, etc.) thanks to which we can build, develop and consolidate our world.

Often invisible, yet essential to virtually all human landscape, the vast majority of civil engineering works require a geotextile in one way or another.

Geotextiles have numerous functions: protecting geomembranes against any sharp objects present in the subsoil; strengthening unstable land under roads, railways and runways, or in zones at risk of collapse, for example due to the presence of old quarries; erecting embankments to limit the footprint of new construction; acting as a buffer against pollution or waste disposal; filtering water near the coast or river banks; protecting against any kind of erosion; isolating crop plantations, etc.

Today, engineers in public works have access to an increasingly vast range of products (woven or nonwoven) with highly specific and precise properties.

Bonar develops corrugated fibre and concrete mattresses, ideal for riverbanks as they filter water and break waves while preserving the landscape; or resistant geosynthetic sand containers made out of nonwoven fibres to efficiently combat erosion. Colas develops nonwoven textiles capable of slowing down the appearance of cracks or completely waterproof products for environmental and hydraulic problems (dams, ponds, waste containment, etc.). One could also mention Subrenat, Beaulieu, Tencate, Texinov, Afitex, Contechma. All these companies are developing today's geotextiles, and especially hose of the future, more and more frequently working to environmental and ecological specifications. The innovative "Duracover" fabric that has been marketed by Bonar since 2010, for example, is in fact the first biobased ground cover, using a material based on renewable raw materials, namely corn, to replace the commonly used synthetic polypropylene.

We continue to master nature, it is true, but while making the best, and above all the most sustainable use of it: here, as in many other areas, this is the challenge for the future.

●

Sonia Rachline,
Journalist-writer

Garden Rug, 2012
Pia WÜSTENBERG

•

TAPIS DE MOUSSE
FEUTRE DE MERINO ET LAINE D'ALPAGA AVEC DÉCORS EN MOUSSE
90 X 150 CM

Entre pièces de design et géotextiles, les œuvres de Pia Wüstenberg allient la décoration et la compréhension de la nature. En lien avec des botanistes, cette créatrice a appris à domestiquer la prolifération des lichens, matière première de son travail textile. Avec un non-tissées aiguilleté comme support, elle fait entrer dans nos maisons un petit jardin maîtrisé.

•

MOSS RUG
MERINO FELT AND ALPACA WOOL WITH MOSS DECORATIONS

Between design pieces and geotextiles, Pia Wüstenberg's works combine decoration and understanding of nature. Working with botanists, this designer has learned to tame the proliferation of lichens, the raw material of her textile work. With a nonwoven, needle-punched fabric as a medium, she brings a controlled little garden into our homes.

•

www.piadesign.eu

Motus, 2012
Clémentine CAURIER et Alix PETIT

•

ESQUISSE DU PROTOTYPE D'ABRI URBAIN

De l'extérieur, les abris *Motus* se présentent comme de drôles de buissons.
De l'intérieur, l'usager se retrouve coupé du bruit qui l'entoure. Composés en partie de géotextiles, ils suscitent la surprise et la curiosité des citadins. Recherchés pour passer un appel important, se réfugier de l'orage ou contempler sa ville, les Motus créent des îlots de calme dans l'effervescence urbaine.

Développé en partenariat avec Lille design et lille3000

Dans le cadre des Futurotextiles Awards, 2012

•

CLÉMENTINE CAURIER AND ALIX PETIT SKETCH OF PROTOTYPE FOR URBAN SHELTER

From the outside, Motus shelters appear like strange-looking bushes. Inside, the user finds him or herself cut off from surrounding noise. These shelters partly made from technical textiles arouse the surprise and curiosity of city dwellers. They become much sought after when you have an important call to make, when you need to take refuge from a storm or just want to contemplate the city you live in: Motus shelters create islands of calm in the urban effervescence.

Developed in partnership with Lille design and lille3000

In the framework of the Futurotextiles Awards, 2012

•

www.alixpetit.com

www.lille-design.com

FLEXITANKS

•

CONTAINERS SOUPLES POUR LE STOCKAGE DES LIQUIDES AGROALIMENTAIRES 100 % PES

Sioen Industries peut se prévaloir d'un large portefeuille de produits et d'activités : enduction de textiles techniques, fabrication de vêtements de protection (voir à ce sujet le chapitre Protex), fabrication de produits de chimie fine et traitement de textiles techniques. Dans ce dernier secteur, Sioen s'illustre entre autres dans la réalisation de sacs parfaitement étanches, pour le transport et le stockage des marchandises agroalimentaires.

Développé par SIOEN

•

FLEXIBLE CONTAINERS FOR STORING FOOD INDUSTRY LIQUIDS 100% PES

Sioen Industries boasts a broad portfolio of products and activities: the coating of technical textiles, the manufacture of protective clothing (see Protex chapter), the manufacture of fine chemicals and the processing of technical textiles. In the latter sector, Sioen has forged a reputation for quality by designing, among other products, a perfectly sealed bag, used for transporting and storing food commodities.

Developed by SIOEN

•

www.sioen.com

Bontec® Concrete Mattresses

•

GÉOTEXTILES POUR LE SOUTIEN ET LA STABILISATION DES STRUCTURES HYDRAULIQUES

Spécialisée dans la fabrication de géotextiles, l'entreprise Bonar met au point des matériaux pour l'aménagement des sols des sites naturels et urbains, comme des matelas ondulés en fibres et béton, parfaits pour les berges puisqu'ils filtrent l'eau et cassent les vagues tout en préservant le paysage ; ou encore de résistants réservoirs de sable géosynthétiques, en fibres non-tissées, pour lutter efficacement contre l'érosion. Depuis 2010, Bonar produit également un revêtement entièrement biodégradable, le Duracover.

Développé par BONAR TECHNICAL FABRICS

•

GEOTEXTILES FOR THE SUPPORT AND STABILIZATION OF HYDRAULIC STRUCTURES

Specialised in the manufacture of geotextiles, the Bonar company develops covering systems for natural and urban sites, such as corrugated fibre and concrete mattresses, perfect for river banks since they filter water and break waves while preserving the landscape; or resistant geosynthetic sand containers in non-woven fibres to efficiently combat erosion. Since 2010, Bonar has also produced a fully biodegradable ground cover, the Duracover.

Developed par BONAR TECHNICAL FABRICS

•

www.bonartf.com

CREATEURS / CREATORS

•

ABECASISS Yitzhak · www.yankodesign.com
ANGOWORLD · www.angoworld.com
ARNOULT Maurice · www.maurice-arnoult.fr
AZ&MUT · www.az-et-mut.fr
BALDIZZONE Gianni e Tiziana · www.baldizzone.com
BARR Mika · www.mikabarr.com
BELLET Alain
BELLINI Mario
BENEDETTO Angelo
BESAU Marcel · www.besau-marguerre.de
BESSET Tanguy
BOURDIN Elsa
BOUROULLEC Ronan & Erwan · www.bouroullec.com
BRADLEY Jacqueline · www.jacquelinebradley.com.au
BUREN Daniel · www.danielburen.com
CARNOVSKY · www.carnovsky.com
CAURIER Clémentine
CHAMBON Clémentine
CHEVALIER Mathilde
CIRULIS Raimonds
COLLET Carole · www.carolecollet.com
COUILLET Luce · www.luce-couillet.blogspot.com
DAVID Rafaële
DE LUSSAC Thomas · www.thomasdelussac.fr
DE SENNEVILLE Elisabeth · www.elisabethdesenneville.com
DESIGN PERCEPT · www.designpercept.com
DESOUZA Sonia
DOGNIN Luc · www.dogninparis.com
FABREGAS Joan · www.joanfabregas.com
FLAMENT Amandine
FRANKLIN Donna & CASS Gary · www.bioalloy.org
GAIAdesign · www.gaiadesign.com
GAO Ying · www.yinggao.ca
GMACHI Mathias
GOLDSWORTHY Kate · www.kategoldsworthy.co.uk
GUENEAU Claire
GUETA Tzuri · www.tzurigueta.com
HESS Bart · www.barthess.nl
HETZEL Géraldine
HOUSSET Peggy · www.peggyh.fr
HUTCHESON Angus · www.angoworld.com
JACQUIER Vincent
JAFFRE Olympe · www.olympe75018.com
JAFFRAIN Florence · www.florencejaffrain.com
JEONG HWA Choi
JESSEE Forrest · www.forrestjessee.com
JOUANNEAU Tony
JOSHI NAIR Rachna · www.simbl.eu
KOISHIHARA Masao
KOMPLOT DESIGN · www.komplot.dk
LATIFI Lily · www.lilylatifi.com
LEE Jenny · www.jennylee.org.uk
LEE Myung Su · www.leemyung.com
LES M · www.lesm-designstudio.com
LOOP. PH · www.loop.ph
LORO PIANA · www.loropiana.com
MAHIOUT Rafik
MAINSTONE Di · www.dimainstone.com
MAMERT Françoise
MARGUERRE Eva · www.besau-marguerre.de
MARIN Stéphanie · www.smarin.net
MAUGER Nathalie
MERHAND Céline
MILHEIRO Janaïna · www.janaina-milheiro.com
MOREL Anaïs
MURASE Hiroyuki · www.suzusan-shibori.com
NAKAO Jum · www.jumnakao.com.br
NANNI Lorenzo · www.lorenzonanni.com
NEIDLINGER Kristin · www.slimavocado.com
PATTE Sylvie · www.sylviepattetanguybesset.fr
PECKRE Léa · www.leapeckre.tumblr.com
PENVEN Thibault
PETIT Alix · www.alixpetit.com
PITON Jean · www.et-alors.org
QUINTANILLA Silvia
RHIM LEE Jae zonezerozerostudio.com
ROOSEGAARDE Daan
ROUSSEL Claire
RUGI Francesco
SAWA Marin · www.marins.co.uk
SCHERRER Camille
SEDNAOUI Stéphane · www.stephanesednaoui.com
SEMPE Inga · www.ingasempe.fr
SENSOREE · www.sensoree.com
SERINO Naoko · www.serino.jp
SIORES Elias · www.bolton.ac.uk
SIREJACOB Margaux
SITBON ARCHITECTES · www.sitbonarchitectes.com
STOREY Helen · www.catalytic-clothing.org
STROZYK Elisa · www.elisastrozyk.de
STUDIO AISSLINGER · www.aisslinger.de
STUDIO ROOSEGAARDE · www.studioroosegaarde.net
TAILLANDIER Pauline
TAKASAKI Seina
TAND'M
TANYGIN Daniil · www.daniiltanygin.com
THABUY Audrey
THOMSEN RAMSGAARD Mette
UNQUIDESIGNERS · www.unquidesigners.com
WA.DE.BE · www.wadebe.com
WILLEMS Franck
WINGFIELD Rachel
WUSTENBERG Pia · www.piadesign.eu
YAMAMOTO Yohji · www.yohjiyamamoto.co.jp
YENG Ying
YUSHISHA · www.yushisha.com

ENTREPRISES PARTENAIRES / CORPORATE PARTNERS

•

3DWEAVINGS · www.3dweaving.com
ADVANCE OPTICS SOLUTIONS · www.aos-fiber.com
ADVANSA · www.advansa.com
AMAIKE TEXTILE INDUSTRY · www.amaike.jp
ANDRITZ Asselin-Thiebau · www.andritz.com
ARKEMA · www.arkema.com
ART ENTREPRISE
ASTRIUM SPACE TRANSPORTATION · www.astrium.eads.net
AZTEC · www.aztec.fr
BAMBOO FIBERS TECHNOLOGY · www.bamboofiberstechnology.com
BASALTEX · www.basaltex.com
BEFORE THE HYPE · www.beforethehype.com
BERGEROT · www.bergerot.net
BLOFIELD · www.blofield.com
BMW GROUP DESIGN · www.bmwgroup.com
BODYSENS · www.bodysens.com/securisation/appi-com.php
BONAR TECHNICAL FABRICS · www.bonartf.com
BROCHIER TECHNOLOGIES · www.brochiertechnologies.com
BYZANCE DESIGN · www.byzance-exterior.fr
CAP Lin · www.cap-lin.com
CAPPELLINI · www.cappellini.it
CARNEAU · www.carneau.fr
CATRY · www.catrycollection.com

CHANVRIBLOC · www.chanvribloc.com
CITA · www.cita.karch.dk
CODENTEL · www.codentel.com
CONTECHMA · www.contechma.com
COUSIN BIOTECH · www.cousin-biotech.com
COUSIN TRESTEC · www.cousin-trestec.com
DAMART · www.damart.fr
DEDIENNE MULIPLASTURGY GROUP · www.dedienne.com
DELTRACON · www.deltracon.be
DERVAUX
DESSO · www.desso.com
DEVAN CHEMICALS · www.devan.net
DINEX
DIXON-CONSTANT · www.dickson-constant.com
DOGNIN · www.dogninparis.com
DUFLOT · www.duflot.com
ELASTA · www.elasta.be
ELITIS · www.elitis.fr
EUROVET · www.eurovet.fr
FIBERWARE · www.fiberware.de
FIBROLINE · www.fibroline.com
FIL AU CHINOIS · www.chinois.jtoulemonde.com
FLEUX · www.fleux.com
GROUPE DEHONDT · www.dehondt-lin.com
GROWN · www.grownskis.com
H. LEMAHIEU SA · www.lemahieu.com
HACOT-COLOMBIER · www.hacotcolombier.com
HAUSSAMMAN + MOOS · www.hausammann-moos.ch
HEXAGON METROLOGY · www.hexagonmetrology.fr
HORSE PILOT · www.horsepilot.fr
HT CONCEPT · www.htconcept.com
IMMATEC
INTERPRINT SUBLIMATION · www.INTERSUBLI.COM
JONATHAN & FLETCHER · www.jonathan-fletcher.com
JULES PANSU · www.jules-pansu.com
KERMEL · www.kermel.com
LECLERC-LEROUX
LEMAITRE-DEMEESTERE · www.lemaitre-demeestere.com
LENZING · www.lenzing.com
LES TISSAGES DE LA LYS
LIBECO LAGAE · www.libeco.com
LINEO · www.lineo.eu
LITRACON · www.litracon.hu
LUMIGRAM · www.lumigram.com
MADASILK · www.madasilk.com
MAFFAM FREEFORM · www.maffamfree.com
MATISEC · www.matisec.fr
MERITALIA · www.meritalia.it
MICHELE LEMAIRE POUR TISSU · www.michelelemaire.fr
MULTITEL · www.multitel.be
MY SENSES · www.mysenses.fr
NENUPHAR · www.nenuphar-wind.com
NEWEBA · www.neweba.ch
NEWMAT · www.newmat.com
NOVALIN · www.novalinfrance.com
NOYON · www.noyon-dentelle.com
OUVRY · www.ouvry.com
OXYLANE · www.oxylane.com
PEG · www.peg.fr
PEROUSE · www.perousemedical.com
PHILIPS · www.innovation.philips.com
PICTURE ORGANIC CLOTHING · www.picture-organic-clothing.com
PORCHER INDUSTRIES · www.porcher-ind.com
PRINTEMPS LILLE · www.printemps.com
SAKAE
SCHOELLER TEXTILES AG · www.schoeller-textiles.com
SCUBE · www.scube.fr
SHISHOO CONSULTING AB
SINGTEX · www.singtex.com
SIOEN · www.sioen.com
SHONIBARE Yinka
SMARTEX · www.smartex.it
SOPHIE HALLETTE · www.sophiehallette.com
SOPREMA · www.soprema.fr
SUBRENAT · www.subrenat.com
SUZUSAN · www.suzusan-shibori.com
SWEETHOME · www.medisom.fr
TAM Télésanté · www.tamtelesante.com
TDV Industries · www.tdv-industries.fr
TECNIFIBRE · www.tecnifibre.com
TEXILIS · www.texilis.com
TEXTILES DE FRANCE
THUASNE · www2.thuasne.fr
TISSAGE DE LA LYS
TRICOMED · www.tricomed.com
VANOUTRYVE · www.vanoutryve.com
VANHERSECKE FRERES · www.lin-plaisir.com

INSTITUTIONS

•

ATELIERS DE PARIS · www.ateliersdeparis.com
BAM · www.bam.de
CELC · www.mastersoflinen.com
CENTEXBEL · www.centexbel.be
CENTRAL SAINT MARTINS COLLEGE OF ART AND DESIGN · www.csm.arts.ac.uk
CENTRE HOSPITALIER REGIONAL UNIVERSITAIRE DE LILLE · www.chru-lille.fr
CLUBTEX · www.clubtex.com
CNAP · www.cnap.fr
CSEM · www.csem.ch
ECAL · www.ecal.ch
ECO TLC · www.ecotlc.fr
ENPC · www.enpc.fr
ENSAIT · www.ensait.fr
ENSCI · www.ensci.com
EPFL-ECAL LAB · www.epfl-ecal-lab.ch
ESMOD Paris · www.esmod.com
ESMOD Roubaix · www.esmod.com
ETS · www.etsmtl.ca
FEDUSTRIA · www.fedustria.be
FIMALIN · www.fimalin.com
ICIAD · www.iciad.com
IFTH · www.ifth.org
INMA · www.inma.fr
INSERM · www.inserm.fr
INSTITUT D'ASTROPHYSIQUE SPATIALE · www.ias.u-psud.fr
LEITAT · www.leitat.org
LILLE DESIGN · www.lille-design.com
MAISONS DE MODE · www.maisonsdemode.com
MANUFACTURE DES FLANDRES · www.manufacturedesflandres.fr
NASA · www.nasa.gov
OBSERVATOIRE DE L'ESPACE DU CNES
Centre National d'Etudes Spatiales · www.cnes.fr
ORCHESTRE DE TOULOUSE
SCIENCE FICTION ARCHIVES · www.sciencefictionarchives.com
TUM · www.tum.de
UNION DES GENS DU TEXTILE
UNIVERSITY OF BOLTON · www.bolton.ac.uk
V2—INSTITUT FOR UNSTANABLE MEDIA · www.v2.nl

LEXIQUE

•

ACRYLIQUE :
l'une des fibres synthétiques d'origine chimique les plus connues du grand public ; fabriquée à partir d'un polymère, elle est obtenue par synthèse de divers éléments extraits du pétrole, du charbon et du calcium*.

ANTI-UV :
un textile anti-UV permet le passage des rayons bronzants en évitant les coups de soleil, grâce à l'intégration dans la fibre de minuscules particules de céramique.

ANTIBACTÉRIEN :
un tissu antibactérien est un tissu résistant aux micro-organismes issus de la transpiration.

ARAMIDE :
souvent appelée à tort Kevlar (marque de la fibre mise au point par DuPont de Nemours), l'aramide est une fibre technique organique obtenue à partir de polymères polyamides aromatiques. L'aramide est souvent utilisée dans les accessoires de protection et pour le renfort des matériaux composites haute performance.

ARMATURE :
éléments de diverses formes en métal, fer ou plastique rigide qui viennent renforcer, soutenir ou maintenir une partie du vêtement.

ARMURE
qui désigne le type de tissage, c'est-à-dire la manière dont les fils de chaîne (dans le sens de la longueur) et les fils de trame (dans le sens de la largeur) s'entrecroisent pour former un tissu.

ARTIFICIELLE (FIBRE) :
une fibre artificielle (à distinguer d'une fibre «synthétique») est une fibre issue du traitement par voie chimique de polymères naturels d'origine cellulosique (pulpe de bois..., protéique végétale (algues...) ou animale (lait...).

BAMBOU :
la fibre de bambou est une fibre cellulosique, fabriquée de manière artificielle ou naturelle à partir de pâte de bambou. Elle présente de bonnes qualités antibactériennes d'absorption.

BASALTE :
le basalte est un minéral issu du magma volcanique, il constitue une grande partie de la croûte terrestre. A côté d'autres propriétés thermiques, acoustiques, électriques, la fibre est naturelle et facilement recyclable.

BRODERIE :
ornementation avec des fils sur un support textile.

CÉRAMIQUE (FIBRES) :
ces fibres conçues à partir d'un mélange de laines de silicate d'aluminium sont très appréciées pour leurs capacités de tenue en température et d'isolation. Cette propriété est offerte par certains textiles intelligents, thermorégulateurs.

COMPORTEMENT AU FEU :
changements physiques ou chimiques d'un produit exposé au feu (vitesse de propagation de la flamme, résistance à la combustion...).

COMPOSANT (D'UN ÉLÉMENT TEXTILE) :
fibre qui constitue un élément textile (laine, aramide, fibre de verre...) en dehors du fil à coudre.

COMPOSITE :
un composite est un matériau composé d'un renfort, le plus souvent sous forme fibreuse, et d'une matrice. Le renfort constitue la structure, tandis que la matrice joue davantage un rôle de « liant ».

COTON :
fibre naturelle cellulosique d'origine végétale. Le coton est le duvet soyeux qui recouvre les graines du cotonnier. Cette fibre est largement utilisée pour son aptitude à la filature et sa facilité de mélange avec d'autres fibres qui permettent d'accroître ses capacités naturelles d'élasticité et d'absorption.

ENNOBLISSEMENT (OU APPRÊT) :
opération mécanique ou chimique destiné à améliorer ou modifier l'aspect final des tissus.

CARBONE :
la fibre de carbone est produite à partir de la carbonisation sous atmosphère neutre d'azote, du polyacrylonitrile-PAN. En modifiant la température de combustion, on peut obtenir une fibre à très haute résistance. La fibre de carbone n'est pas utilisée avec les outils traditionnels du textile, mais de nouvelles techniques ont été mises au point pour la travailler afin qu'elle puisse entrer dans la fabrication de nombreux matériaux composites.

INOX :
la fibre d'inox est une fibre textile appartenant à la famille des fibres techniques. Elle peut être utilisée dans de très nombreux domaines tels que le transport, l'industrie, la filtration. De par ses propriétés physiques, cette fibre est principalement exploitée pour la production de trois types de textiles : les textiles chauffants (vêtements de l'extrême, automobile), les textiles antistatiques (vêtements industriels), les protections thermiques conçues pour résister aux très hautes températures (isolation, verrerie).

INTELLIGENT (TEXTILE) :
ces textiles techniques d'un genre particulier se développent de plus en plus. Ils s'appuient sur l'interactivité et les nouvelles technologies ; ils permettent par exemple de réaliser des t-shirts thermorégulateurs, d'intégrer un écran sur un habit, de fabriquer des robes réagissant à la lumière, de communiquer par système gps, ou encore de recevoir des sms via le vêtement porté.

LIN :
excellent exemple d'une fibre traditionnelle remise au goût du jour, la fibre de lin est très appréciée pour ses qualités écologiques : il s'agit en effet d'une fibre saine, peu abrasive, qui ne provoque pas d'irritation cutanée lors des manipulations, en partie ou entièrement (si combinée à une matière organique) biodégradable.

LYCRA :
marque commerciale du fil élasthanne créé par DuPont de Nemours en 1959. Le lycra confère une élasticité remarquable aux vêtements.

MICROENCAPSULATION :
technique d'ennoblissement qui consiste à intégrer aux fibres des microparticules contenant des produits tels que du parfum ou des agents cosmétiques. Les produits se diffusent au contact de la peau.

NATURELLE (FIBRE) :
fibre disponible dans la nature, d'origine végétale, minérale ou végétale.

NON-TISSÉ :
un textile non tissé est constitué d'un voile, de nappe ou de matelas de fibres réparties directionnellement ou au hasard, consolidées chimiquement, thermiquement ou mécaniquement. Cette définition du non-tissé exclut le papier ou tout produit obtenu par tissage, tricotage, tuftage (insertion des fibres sur la base d'un canevas, par exemple dans le cadre de la fabrication de moquette).
marque commerciale de la première fibre de polyamide créée par DuPont de Nemours en 1939.

POLYESTER :
fibre synthétique obtenue à partir du benzène ou de l'éthylène.

PHOTOLUMINESCENCE :
processus par lequel une substance absorbe des photons puis en émet à nouveau. Appliquée au textile, cette technique permet à des tissus préalablement exposés à la lumière (naturelle ou artificielle) de briller ensuite dans le noir. Les utilisations sont nombreuses : signalétique, sécurité, ... ou tout simplement effet esthétique - souvent assez futuriste.

SOIE :
la soie est naturellement composée de fibres de protéine, dont certaines sortes peuvent être tissées. Le type de soie le plus répandu est obtenu à partir de cocons de vers à soie provenant des larves du mûrier Bombyx Mori - larves maintenant élevées en sériciculture. Mais d'autres types de soie existent, comme celle issue du fil d'araignée, ultra résistante.

SYNTHÉTIQUE (TEXTILE) :
textile d'origine chimique résultant d'un ensemble d'opérations chimiques complexes (polymérisation), à bases organiques (acryliques, polyesters...) ou inorganiques (carbone, fibres métalliques, verre...).

THERMOCHROME :
un tissu thermochrome change de couleur grâce à des colorants thermochromes microencapsulés. Un vêtement thermochrome permet notamment de surveiller la température du corps.

THERMORÉGULATEUR :
qui régule la température du corps en s'adaptant et en réagissant à la la température environnementale

TYVEK :
matériau synthétique non tissé fabriqué à partir de fibres de polyéthylène. Ce textile est léger, très résistant, élastique et non toxique. Il peut être recyclé.

VISCOSE :
appelée d'abord « soie artificielle », puis « rayonne », cette fibre naturelle ou artificielle selon les cas fut créée pour répondre à la demande de tissus semblables à la soie, mais plus économiques. Les premières versions étaient déjà faites avec la pulpe d'arbres. La viscose peut être produite par exemple à partir du bambou, de la pâte de bois ou de coton.

**Nous tenons à remercier les auteurs Maggy Baum et Chantal Boyeldieu. Le Dictionnaire des textiles, fut d'une aide précieuse pour certaines définitions.*

GLOSSARY

•

ACRYLIC:

one of the synthetic, chemical-based fibres best known to the general public; manufactured from a polymer, it is obtained by synthesising various components extracted from oil, coal and calcium.

ANTI-UV:

an anti-UV textile lets you tan while avoiding sunburn, thanks to tiny ceramic particles built into the fibre.

ANTIBACTERIAL:

an antibacterial fabric is a fabric resistant to microorganisms produced by perspiration.

ARAMID:

often mistakenly called Kevlar® (a brand using this fibre developed by DuPont), aramid is an organic technical fibre made from aromatic polyamide polymers. Aramid is often used in protective equipment and to reinforce high-performance composite materials.

ARTIFICIAL (FIBRE):

an artificial fibre (as distinct from a "synthetic" fibre) is a fibre produced by the chemical treatment of natural polymers, whether sourced from cellulose (wood pulp), vegetable protein (seaweed) or animals (milk).

BAMBOO:

Bamboo fibre is a cellulose fibre made natural or artificially from bamboo pulp. It has good antibacterial absorption qualities.

BASALT:

Basalt is a mineral derived from the volcanic magma that makes up a large part of the Earth's crust. Alongside its thermal, acoustic and electrical properties, this is a natural and easily recyclable fibre.

CARBON:

carbon fibre is produced from the carbonisation of polyacrylonitrile (PAN) in a nitrogen purged atmosphere. By changing the combustion temperature a very strong fibre can be obtained. Carbon fibre is not used with traditional textile tools, but new techniques have been developed to work with it so that it can be used in the manufacture of many composite materials.

CERAMIC (FIBRE):

these fibres derived from an aluminium silicate wool mixture are highly valued for their temperature stability and insulation, properties provided by some intelligent, thermo-regulating textiles.

COMPONENT (OF A TEXTILE):

a fibre that constitutes a textile component part (wool, aramid, fibreglass, etc.) outside of the thread.

COMPOSITE:

a composite is a material made up of a reinforcement, usually in the form of a fibre, and a matrix. The reinforcing component forms the structure, while the matrix acts more as a "binder".

COTTON:

a natural cellulose fibre of plant origin. Cotton is the silky down that covers the seeds of the cotton plant. This fibre is widely used due to its suitability for spinning and its ability to mix easily with other fibres in order to enhance its natural qualities of elasticity and absorption.

EMBROIDERY:

ornamentation with thread on a textile base.

FINISHING (OR FINISHER):

mechanical or chemical process to improve or modify the final appearance of fabrics.

FIRE BEHAVIOUR:

physical or chemical changes of a product exposed to fire (speed of flame propagation, resistance to combustion, etc.).

FLAX:

an excellent example of a traditional fibre that has come back into fashion, flax fibre is highly valued for its ecological qualities. It is indeed a healthy, non-abrasive fibre that does not cause skin irritation when handled and is partly or entirely biodegradable (if combined with an organic material).

INTELLIGENT (TEXTILE):

these quite particular technical textiles are becoming more and more widespread. They rely on interactivity and new technologies, for example, to make thermo-regulating t-shirts, to build screens into garments, to make dresses that react to light, to communicate through a GPS system, or even to receive text messages through worn garments.

LYCRA :

the trademark for the spandex fibre created by DuPont in 1959. Lycra endows clothing with remarkable elasticity.

MICROENCAPSULATION:

a finishing technique based on integrating microparticles containing products such as perfume or cosmetic agents in fibres. The products are released when in contact with the skin.

NATURAL (FIBRE):

a fibre of plant, mineral or vegetable origin available in nature.

NON-WOVEN:

a non-woven fabric consists of a film, sheet or mat of fibres distributed in a pattern or randomly, and bonded chemically, thermally or mechanically. This definition of non-woven excludes paper or any product obtained by weaving, knitting, tufting (insertion of the fibres on the basis of a template, for example in carpet manufacture).

NYLON :

a trademark for the first polyamide fibre created by DuPont in 1939.

POLYESTER:

synthetic fibre made from benzene or ethylene.

PHOTOLUMINESCENCE:

process by which a substance absorbs photons and releases them again. Applied to textiles, this technique enables fabrics previously exposed to light (natural or artificial) to shine in the dark. There are numerous applications such as signage, security, etc., but it can also simply be used for aesthetic effect - often quite a futuristic one.

REINFORCEMENT:
Components of various forms made out of metal, iron or rigid plastic that reinforce, support or retain the shape of part of a garment.

SILK:
Silk naturally comprises protein fibres, some of which can be woven. The most common type of silk is obtained from the silkworm cocoons produced by larvae found on mulberry trees, Bombyx Mori, which are now reared in silk farms. But other types of silk exist, such as the ultra-resistant silk made from spider webs.

STAINLESS STEEL:
stainless steel fibre is a textile fibre belonging to the family of technical fibres. It can be used in many areas such as transport, industry and filtration. Due to its physical properties, this fibre is primarily used in three types of textiles: heating textiles (extreme clothing, automobile), antistatic textiles (industrial clothing), and thermal protection textiles designed to withstand high temperatures (insulation, glass).

SYNTHETIC (TEXTILE):
a chemical-based textile resulting from a complex set of chemical operations (polymerisation), using organic (acrylic, polyester, etc.) or inorganic components (carbon, metal fibres, glass, etc.).

THERMOCHROME:
a thermochromic fabric changes colour thanks to microencapsulated thermochromic dyes. Thermochromic clothing can notably be used to monitor body temperature.

THERMOREGULATING:
regulates body temperature by adapting and responding to environmental temperature

TYVEK :
synthetic, non-woven material made from polyethylene fibres. This fabric is light, very tough, elastic and non-toxic. It can be recycled.

VISCOSE:
initially known as "artificial silk" and then "rayon", this fibre, which can be both natural or artificial, was created to respond to a demand for fabrics that are similar to silk but more economical. The first versions were already made from tree pulp. Viscose can for example be produced from bamboo, wood pulp or cotton.

WEAVE:
indicates the type of weave, that is to say how the warp thread (lengthwise) and the weft thread (crosswise) intersect to form a fabric.

** We would like to thank the authors Maggy Baum and Chantal Boyeldieu. The Dictionnaire des textiles was a great help for the definitions.*

EXPOSITION

SOUS L'EGIDE DE / UNDER THE AEGIS OF

Martine Aubry
Présidente de Lille Métropole communauté urbaine, Maire de Lille
President Lille Métropole communauté urbaine, Mayor of Lille

Michel-François Delannoy
Premier Vice-Président de Lille Métropole communauté urbaine, Maire de Tourcoing
First Vice-President Lille Métropole communauté urbaine, Mayor of Tourcoing

Marc Honoré
Directeur du Centre Européen des Textiles Innovants

André Beirnaert
Fondateur du Centre Européen des Textiles Innovants

Bertrand Delesalle
Président du Centre Européen des Textiles Innovants
Président de l'Union des Industries Textiles du Nord

Marc Honoré
Directeur Général du Centre Européen des Textiles Innovants

Ivan Renar
Président de lille3000
President lille3000

Didier Fusillier
Directeur Général lille3000
General Director lille3000

EQUIPE ARTISTIQUE / ARTISTIC TEAM

Caroline David
Commissaire / Curator
Directrice des Arts Visuels / Arts

Camille Beulque / Gwenaëlle de Spa
Coordination artistique / Artistic coordination

EQUIPE OPERATIONNELLE / OPERATIONAL TEAM

Thierry Lesueur
Coordinateur général / General coordinator lille3000

Dominique Lagache
Administratif / Administrator lille3000

Catherine Bruère
Chef de projet/Project Manager Inauguration CETI

Thomas Ledoux
Production / Production lille3000

Olivier Célarié
Directeur de la communication de lille3000 / Communication director lille3000

Vanessa Duret / Audrey Chaix / Pauline Coutant
Communication / Communication lille3000

Magali Avisse / Benjamin Boulière
Relations publiques / Public relations lille3000

Benjamin Lengagne / Isis Poteau
Mécénat/Partenariat / Partnerships lille3000

Delphie Vang
Marketing/Tourisme / Marketing/Tourism lille3000

Dimitri Besse / Icosinus (Sonia Lemagnen)
Relations presse / Press relations lille3000

Samuel Da Costa / Emeline Marescaux
Mediation

Frédéric Plateau
Directeur technique lille3000 / Technical director lille3000

La régithèque (Anthony Barrault)
Régisseur général de l'exposition / General registrar of the exhibition

Malik Benkahla, Camille Ortegat,
Emmanuel Debriffe, Damien Granger
Technique / Technic lille3000

Jacky Lautem
Eclairage de l'exposition / Lighting of the exhibition

Atelier Smagghe
(Ludovic Smagghe, Julie Meigneux)
Scénographie de l'exposition / Scenography of the exhibition

Alexie Hiles, Sébastien Morel
Graphisme de l'exposition / Design of the exhibition

Kwt Prod (Emmanuel Dejonghe)
Webmaster